航材统计预测与决策

郭　峰　强海滨　等编著

国防工业出版社

·北京·

内 容 简 介

本书旨在比较全面、系统地介绍航材统计预测与决策的相关理论与方法,内容主要包括航材统计概述、航材统计指标、航材统计调查与整理、航材统计分析、航材统计预测与业务决策概述、航材消耗预测方法决策、航材申请决策、可修航材库存决策、航材保障经费配置决策,内容具有一定的系统性、理论性与实用性。

本书可以作为航材管理专业本科生的教材和后方专业勤务专业硕士研究生的参考书。

图书在版编目(CIP)数据

航材统计预测与决策/郭峰等编著 . —北京:国防工业出版社,2017.1

ISBN 978-7-118-11051-7

Ⅰ.①航…　Ⅱ.①郭…　Ⅲ.①航空材料—统计预测②航空材料—统计决策理论　Ⅳ.①V25

中国版本图书馆 CIP 数据核字(2016)第 253065 号

※

国防工业出版社出版发行

(北京市海淀区紫竹院南路 23 号　邮政编码 100048)
三河市众誉天成印务有限公司印刷
新华书店经售

*

开本 710×1000　1/16　印张 10½　字数 194 千字
2017 年 1 月第 1 版第 1 次印刷　印数 1—2000 册　定价 58.00 元

(本书如有印装错误,我社负责调换)

国防书店:(010)88540777　　　　发行邮购:(010)88540776
发行传真:(010)88540755　　　　发行业务:(010)88540717

前　言

　　航材统计预测与决策是航材保障工作的基础和关键,航材统计工作越扎实,预测就越准确,决策就越符合实际。本书结合航材保障工作实际以及作者多年来开展航材消耗周转定额、航材单机消耗和周转标准等领域科研项目和学术研究的相关成果,全面、系统地介绍了航材统计预测与决策的相关理论与方法,对于指导航材保障日常业务中的航材统计、航材申请与筹措、航材库存控制、航材保障经费优化配置等工作具有重要意义。

　　本书具有以下特点:一是强调科学性和系统性。本书系统性地介绍了一线航材保障人员所应掌握的专业知识,其中,常用的航材统计指标、航材统计调查和整理的步骤、航材统计相关分析、航材统计推断和预测等知识能够有效提高航材保障人员的航材统计能力,使航材统计工作更科学、规范。二是突出理论性和实用性。本书所介绍的航材统计预测与决策的相关理论和方法紧跟国内外研究前沿,所研究的问题紧贴部队实际,如航材消耗预测方法决策、航材申请决策、可修复航材库存决策、航材保障经费配置决策等,都是航材保障工作中的重点、难点问题和热点问题。该部分内容吸取了近年来作者在航材消耗周转定额、航材单机消耗和周转标准等领域的科研成果,既具有一定的理论性,也具有一定的实用性。

　　本书所涉及的内容包括航材统计概述、航材统计指标、航材统计调查与整理、航材统计分析、航材统计预测与业务决策概述、航材消耗预测方法决策、航材申请决策、可修航材库存决策、航材保障经费配置决策共9章。

　　本书得到了海军装备部航空局技术保障处专项经费资助。本书在编写过程中,参阅了大量著作和文献,吸收了同行们辛勤劳动的成果,在此一并表示感谢。

　　由于作者水平有限,不妥之处在所难免,敬请广大读者批评指正。

郭　峰

2016年9月

目 录

第 1 章
航材统计概述

航材统计理论是指导航材统计工作的理论基础。航材统计工作是军队物资统计的一部分,所以,航材统计应吸取各家统计学派之长,不断更新航材统计的观念,采用不断出现的先进的统计方法和技术,做好航材统计工作,为航材供应保障工作服务。

1.1 航材统计的性质与工作过程

1. 航材统计的性质

什么是航材统计,有人把它理解为调查、整理资料和计算分析的整个工作过程,也有人把它理解为一门科学。其实这样理解都不够全面,如果只提"航材统计"而不附加任何别的问题,则应是泛指航材统计工作、航材统计资料和航材统计理论三个含义,这样理解比较符合实际。三个含义之间的关系是:航材统计资料是航材统计工作的成果,航材统计理论与航材统计工作则是理论和实践的关系。

要做好航材供应保障工作就必须认识航材供应保障工作的全过程。要认识航材供应保障工作的全过程,就必须对航材供应保障工作的全过程作周密细致的调查研究。调查研究是一种认识过程,这个过程表现为:航材供应人员是认识的主体,航材供应是认识的客体,认识航材供应保障的过程就是航材工作人员对航材供应工作的反映。

调查研究有各种各样的方法,适用于不同的航材供应过程。在各种调查研究的方法中,航材统计是很重要的并带有普遍意义的一种,它是对航材供应全过程的一种调查研究工作。

航材统计研究的对象是航材供应过程中具体现象的数量方面的变化,它是通过对航材供应过程的具体现象中各种数量关系的研究来认识航材供应过程具体现象发展的规律性。航材统计具有以下几个特点。

1) 数量性

数量性是航材统计的首要特点。从数量方面说明事物的,不仅有航材统计,还有其他统计,如会计核算、业务核算等。航材统计的特点是用大量数字资料综合说明航材供应全过程中的基本情况、供应趋势、各种供应条件的构成及其之间的比例关系。航材统计所研究的是大量而不是个别的情况。航材统计是通过对大量实际数字资料进行综合研究,寻找出航材供应过程的本质和规律。没有大量数据的综合研究,不是航材统计研究。

2) 工具性

航材统计本身不是目的,是认识航材供应全过程的手段或工具。航材统计是一种服务性的工具,它通过提供全面而准确的航材统计资料为航材供应工作服务。必须克服那种把航材统计当作目的,为统计而统计的形而上学观点,充分发挥航材统计作为认识航材供应工作的工具的作用。

3) 整体性

航材统计具有明显的整体性。航材统计是研究航材供应活动的过程和结果,它的基本调查单位是航材工作人员和航材供应单位。航材供应活动是多种多样的,有计划、筹措、供应、运输、保管、修理等,这些活动都是互相联系、互相影响和互相制约的,形成了一个复杂的有机整体。因此,在对待航材供应过程中所出现的各种现象时,不能孤立地研究,而要联系其他有关现象作全面系统的分析。航材供应活动是航材工作人员有意识的活动,各种供应活动都贯穿着人与人之间的关系、整体利益和局部利益之间的关系,这样就存在矛盾,这些矛盾都会给航材统计工作带来影响,正确处理各类矛盾,是做好航材统计工作的保证。

4) 广泛性

航材供应的全过程一直都涉及数字,而且航材供应的本质和规律只能通过数字得到综合性地反映,因而,航材的一切工作都离不开统计。统计在航材供应工作中是无所不在的,例如,航材筹措工作结束后,要对筹措的过程和结果进行数量分析,这就是筹措统计;对消耗情况,要进行消耗统计,分析消耗规律;对库存情况,要分析库存情况,进行库存统计。航材供应所涉及的面比较广,从军队到地方、从工矿到企业、从科研到生产、从储存到运输等,所以航材统计工作人员也必须具备多方面的知识,才能做好航材统计工作。

综上所述,航材统计是从数量方面综合认识航材供应规律的一种有力的工具。航材供应规律属于质的范畴,航材统计是通过对航材供应的量的研究来认识其质的一种方法。航材统计是一项严肃的科学工作,进行航材供应,如果没有科学的、高水平的、现代化的航材统计为其服务,是不可想象的。

航材统计理论和航材统计工作是理论与实践的关系,表现在航材统计的属性上就是:航材统计工作是对航材供应工作现象作实质性调查研究的工作,而航材统计理论则是对这种调查研究的理论概括,是一门认识航材供应工作全过程的方法论科学。

航材统计理论来源于航材统计的实践,并对航材实践起着指导作用。航材统计工作经过航材工作人员长期的总结和对航材统计的概括即上升为理论,这就是航材统计理论,是一种从实践到认识的过程。反过来,航材统计理论初步形成后,再回到航材统计实践中接受检验,加以修订和补充,这是从认识又回到实践的过程,实践、认识、再实践、再认识,使航材统计工作和航材统计理论都得到不断的发展。航材统计理论是从航材统计工作中概括出来的,它反过来又对航材统计工作进行了指导。仔细研究一下航材统计的历史和现实,就会发现,航材统计理论都带有方法论的性质,包括多种多样的统计方法和统计指标。可见,航材统计理论是从航材统计工作中总结出来,并使之上升为理论的,是如何做好航材统计工作的原理、原则和方法。可以运用这种方法论来指导航材统计工作,使航材统计工作不断提高。对现实的航材供应工作问题进行统计研究,探讨其本质和规律性,是航材统计工作的任务,不是航材统计理论的任务。

2. 航材统计的工作过程

航材统计工作是对航材工作现象进行调查研究,从而认识其规律性的工作。这种调查研究的过程是航材工作人员对航材工作的一般认识过程。随着航材工作的不断变化,航材统计认识活动也要不断进行。但就一次航材统计活动来讲,一个完整的认识过程可分为统计设计、统计调查、统计整理和统计分析四个阶段,经过这几个阶段,可以使航材统计认识从感性阶段上升到理性阶段。

航材统计是一项通过航材工作中的量的研究来认识质的工作。因此,贯穿于整个航材统计认识过程的中心问题,就是如何正确对待航材工作的量和质的关系。航材统计是研究航材数量的,但这种研究时刻不能脱离航材的质的方面。因为航材统计不同于数学,数学研究的是抽象的数量关系,而航材统计研究的是具体的数量,这种具体的数量关系是有其质的规律性的。没有数量就没有质量,同样,没有质量就没有数量。例如,在保证外场飞机维护中,器材的数量很多,但质量很差,没有使用价值;同样,质量很好,但数量太少,则不能满足外场飞机维护的需要。

在航材统计工作中应该怎样贯彻质与量的辩证关系呢? 航材统计是研究量的,但却不是从定量认识开始的,而是从定性认识开始的,即在收集航材统计资料(统计调查)之前,在航材统计设计阶段,就要确定调查对象的范围,规定反映对象的统计指标、指标体系和分组方法。这种定性的工作是下一步定量工作的必要准备。在统计调查、统计整理阶段要收集大量数据、资料并进行加工整理,编制航材统计表。在航材统计分析阶段,要计算各种综合指标,并利用各种统计方法对航材统计资料所反映的航材现象加以分析评价,认识其规律性,必要时对其未来的发展作出科学的预测。可见航材统计工作是经过统计设计(定性)到统计调查、统计整理,最后通过航材统计分析(定量)达到对航材工作规律性认识(定性)的一个过程。

从质出发,经过认识量的过程,达到认识质的目的,这是航材统计认识的完整过程,缺少哪个环节都会出偏差。例如,只抓住中间的"量"而忽视两端的"质",就会形成为为统计而统计,把收集数字资料本身当作目的。反之,如果只有质的分析而无量的反映,那也不是统计。适当的强调定性分析的重要性是必要的,但也不能由此而忽视了定量的认识。统计不能离开数量,否则容易出现忽视质的分析的偏向,只有做好定量认识,才能达到定性认识的目的。如果航材统计资料不全,数字不实,是不可能达到认识航材工作规律性的目的的。

航材统计工作从设计指标及指标体系开始,经过调查、整理到分析的全过程,是紧密联系的一个整体,各处环节常常是交叉进行的。例如,在航材统计设计阶段,要对所调查的事物有一个初步的了解,作一些初步的试点调查,才能确定统计指标和统计指标体系,并设计好调查方案和整理汇总方案。在航材统计调查过程中,要不断地进行分析,同时,在统计整理过程中,可能还要作一些补充调查。在航材统计分析过程中也可能发现资料有问题或资料不足,需要作一些调整计算或补充调查。通常所说的调查研究,就是指航材统计调查中有统计分析、统计分析中也有统计调查,而不是把调查和研究截然分成两段。

1.2 航材统计的基本概念

1. 航材统计总体与航材统计总体单位

客观存在的、在同一基础上结合起来的许多个别航材事物的整体,就是航材统计总体,简称航材总体。例如,航材系统是一个总体,因为航材系统是客观存在的,而且每个航材部门的职能是一样的,属于同一性质,都是进行航材筹措、供应、管理的单位。这些部门在航材筹措、供应、管理的基本活动中,具有很多的共同点,是形成航材统计总体的必要条件,这也是航材统计总体的重要特性。

构成航材统计总体的具体的各个基层单位,称为总体单位。一个统计总体中包含的单位数可以是无限的,称为无限总体;也可以是有限的,称为有限总体。航材统计总体中所包含的单位数一般应该说是有限的,因而是有限总体。

在航材统计调查中,可以做全面调查,也可以只调查其中一小部分。例如,年度库存橡胶制品的统计报表就是对库存橡胶制品的全面调查,对某型前轮外胎的质量抽样调查则是小部分。抽样调查总体中的一小部分单位时,往往要根据这些局部资料来推算总体。为了保证这种推算的准确性,必须使局部资料具有充分的代表性。提高代表性有很多方法,其中一个重要的方法就是使局部资料尽可能多的包括一些单位。因为单位数太少,就会出现偶然偏高或偏低的现象,降低了代表性;如果单位数增多,这种偶然偏差就会趋于互相抵消,从而提高了代表性,这样才能显现出航材总体的真象。轮胎是总体,每条轮胎是总体单位,只调查几条轮胎是不行的。因为使用气候、时间、机务维护、道面质量、飞行员技术水平等原因构成的条件不同,使用的起落有多有少,如果只调查几条轮胎的使用情况,那么偶然的偏差就比较大,就无法利用得出的数值去代表轮胎这个航材总体的实际情况。如果抽查足够多的轮胎使用情况,几十条、几百条或上千条,求平均使用起落次数,就可以得出比较可靠的结果。调查的轮胎越多,用以推算总体轮胎使用结果的可靠性就越高。这个原理在航材统计中称为大量观察法,所抽出的部分单位实际上也是小规模的总体。

总体和总体单位的概念不是固定不变的,随着研究的目的不同,它们是可以转化的。例如,在航材系统这个统计总体中,每个航材部门都是一个总体单位。但是要研究一个典型的基层级仓库的情况,则上述航材统计总体中的某个单位,又变成航材统计的总体了。

2. 航材统计标志和航材统计指标

航材统计标志是说明总体单位特征的名称,有品质标志与数量标志之别。品质标志表示事物的质的特性,是不能用数值表示的,如器材的规格、型号等。数量标志表示事物量的特性,可用数值表示,如基层级仓库的个数,器材的数量,器材、设备的价值等。标志的具体表现是在标志名称之后所表明的属性或数值。如库存 A 型飞机 1000×300 主轮外胎 50 条,其中,"A 型飞机"和"外胎"是品质标志名称,"1000×300"和"主轮外胎"是这类标志的属性和具体体现。"50 条"中的"条"是数量标志的名称,"50"则是它的数值表现。

对于航材统计指标有两种理解:一种是数量化的科学概念;另一种是这种概念加综合性数值,如航材总经费是指标,航材总经费若干元也是指标;某项航材库存量是多少项(件),修理厂机加设备维修费是多少元;等等,都是指标。在实际工作中,一个完整的统计指标包括两部分:一是指标名称,二是指标数值。所谓统计资料,就是由一系列统计指标附以必要的说明构成的。航材统计工作的主要内容,就是统计指标的核算和分析。

航材统计指标所包括的名称和数值两部分,体现了事物质的规律性和量的规律性两个方面的特点。航材统计的日常工作,就是根据航材供应工作理论和实际情况,给航材统计指标规定具体的含义和计算方法,并采用科学的统计调查方法,搜集和整理出准确的指标数值并计算出一系列的分析指标来。

航材指标与标志既有明显的区别,又有密切的联系。

1）航材指标与标志的主要区别

（1）指标是说明总体特征的,而标志则是说明总体单位特征的。

（2）标志有不能用数值表示的品质标志与能用数值表示的数值标志两种,而统计指标都是用数值表示的,没有不用数值表示的统计指标。

2）航材指标和标志的联系

（1）有许多统计指标的数值是从总体单位的数值标志值汇总而来,一个航材处的航材库存量是从它所属的各个基层级仓库库存量汇总而来的,一个基层级仓库的库存量是各个仓库库存量的总和。

（2）指标和标志之间的变换关系,由于研究的目的不同,原来的统计总体如果变成了统计单位,则相对应的统计指标也就变成了标志了,反过来也是这样。

3. 变异与变量

航材统计中的标志都是可变的,这是指标志的具体表现各不相同,如1050×300的航空轮胎标志表现为主轮内胎和主轮外胎,数量标志表现为60条或30条等,这种差别称为变异。变异就是差别的意思,包括质的差别和量的差别。变异是统计的前提和条件,没有变异就用不着统计了。

在划分统计总体时,可以选定某一标志的具体表现,把它固定下来,然后把所有具备这种标志表现的单位都集中起来,形成一个统计总体。因此,所谓统计总体的同质性,就是总体中各个单位都具有某一个共同的标志表现。例如,按轮胎使用次数这个数量标志选定每条轮胎可以使用30个起落数值表现作为研究对象,把所有能使用30个起落的轮胎都集合在一起,也就是一个统计总体。

可变的品质标志和可变的数量标志是航材统计分组和一系列航材统计计算与分析的基础。在同质总体中,按照某种可变标志将总体分成若干个部分,而后将各部分中有关的各单位可变数量标志值加以综合计算分析,就是航材统计的一项具体工作。总体的同质性和总体单位的差异性是进行航材统计核算的条件。

把航材统计总体、总体单位和标志这三个概念联系起来,可以把航材统计总体的基本特征概括成以下三点。

1）同质性

同质性是指航材总体所有单位都必须具有某一共同的品质标志属性或数量标志数值。

2）大量性

大量性是指总体单位的数量要足够多。

3）差异性

差异性是指总体单位必须具有一个或若干个可变的品质标志或数量标志。

必须同时具备这些特征,才能形成航材统计总体。有了统计总体,才能进行一系列的航材统计计算和分析。例如,要研究修理厂机加设备年维修费情况(同质性),从总数约500台机加设备中抽选具有代表性的50台(大量性),这些机加设备型号不同、使用年限不同、价值也不同(差异性)。

另外,还要分清变量和变量值这两个概念。变量就是可变的数量标志,变量的具体表现就是变量值,也就是可变数量标志的数值表现。例如,修理厂的机床数量是一个变量,某修理厂有机床68台是修理厂机床台数这个变量的具体数值,也就是变量值。变量这个概念在统计中很重要,但要注意不能误用。

变量有连续变量和离散变量两种。连续变量的数值是连续不断的,相邻两值之间可作无限分割。例如,月数一般是整数,但如果严格按时间计算,可以细分到许多位小数的。连续变量的数值要用测量或计算的方法取得。离散变量是另一种情况,各变量值之间都是以整数位断开的,如飞机数、修理厂数、机床台数、器材件数等,都只能按整数算,不可能有小数。离散变量的数值只能用计算的方法取得。

1.3 航材统计的任务和要求

航材统计是物资统计系统的一部分,有自己的特殊性,其具体任务和要求如下。

1. 航材统计的任务

航材统计是指搜集、整理、分析航材供应工作中的资料。它是认识航材供应工作全貌的有效工具,是加强航材供应管理、提高航材供应管理水平的重要手段。它的任务是运用各种统计方法,全面、及时、准确、系统地搜集、整理和分析航材供应过程中的各种资料,为制定航材供应、分配计划提供依据,为检查、监督航材供应提供依据。其具体内容如下。

1）为国家和军队制定物资工作的方针和政策提供依据

航材供应是军队和国家物资管理、供应的一个组成部分。国家根据客观的经济规律和每个时期的具体情况,制定了一系列的物资工作方针和政策。军队在物资供应方面,也制定了一系列适应军队特点的方针政策。在制定这些方针政策前或制定后的执行过程中,都进行了大量的调查研究,充分地利用了物资统计资料,其中包括航材供应的统计资料。

2）为编制航材供应计划和监督计划的执行提供依据

编制航材申请计划、分配计划时，需要掌握实际情况和大量的资料。在大量的资料中，有一部分是根据以往统计资料，进行分析研究得出的规律，这些规律为编制航材申请计划和分配计划提供了依据。在航材供应过程中，又要对计划的执行情况进行检查监督，通过统计指标分析计划完成和未完成的原因，总结经验、揭露矛盾、提出建议，为执行航材供应计划的检查和监督提供依据。

3）为加强航材管理提供依据

在组织航材供应过程中，必须加强航材管理。航材统计是加强航材供应管理的重要工具。航材统计工作搜集、整理了航材供应中的大量资料，分析了航材筹措、供应、定额执行情况以及航材调整和库存结构，这些都为计划管理、仓库管理的科学化提供了依据，有利于提高航材供应中的军事效益和经济效益。

2. 航材统计的要求

为了完成航材统计工作的任务，航材统计工作必须达到以下要求。

1）真实性

真实性是统计工作的生命，航材统计必须如实地反映航材供应过程中的真实情况。统计工作的真实性，又取决于分析中的各种数据、资料的准确无误，只有根据准确可靠的数据资料，并对其进行科学的处理，才能获得可靠的、有用的航材供应管理信息。因此，航材的一切统计和报表工作，都要做到有凭有据、准确无误，要如实反映客观情况，反对弄虚作假，要努力提高统计工作人员的业务水平，正确计算各种统计指标，对数字的计算，做到不错、不漏、不重。

2）时效性

时效性既是航材统计工作的一个突出特点，也是对统计工作的一个基本要求。只有及时准确地提供统计资料，才能及时了解情况并进行研究，解决现实问题。

在航材统计中，及时就是按时完成各种统计报表和各项调查资料的上报任务，按时提供统计分析资料。航材供应中任何一种统计资料，都涉及很多单位，如其中任何一个单位没能及时上报，都会影响全面情况的汇总和分析。报送统计资料是否及时，不仅仅是个别单位的问题，也是涉及全局性的问题。因此，航材统计工作人员必须具有严格的时间观念，无论在任何情况下，都要及时完成各种统计报表和各项调查资料的上报任务。

3）完整性

完整性是指统计数字要全面。只有资料全面，才便于分析、比较，才有实际使用价值。为了保证航材统计资料的完整性，航材统计人员必须按照航材工作条令规定的统计范围和规定的方法填报各种统计报表。要做到：范围全，即应包括的单位一定要包括,不能遗漏;表种全,即规定填报的表种,一定要填报,各项指标一定要严格按规定计算;品种全,即填报目录中规定的器材品种,只要本单位有,不管其数量多少,一定要填报;计量单位全,即按统计目录中的规定填报齐全。

4）系统性

系统性是指航材统计资料要配套。航材统计资料系统性,要求具有各种有关的资料,不仅要有现实的资料,而且要有历史资料;不仅有汇总资料,而且要有局部的典型资料;不仅有数字资料,而且要有文字资料。若统计资料不系统,统计分析就缺少坚实的基础,得出的结论不可能全面准确。因此,航材统计工作人员要做到系统地积累统计资料,建立和健全各种统计账表,以满足航材供应和管理工作的各种需要。要把系统的统计资料,分门类建账立册。

5）保密性

军队航材统计资料会涉及航空兵建设进程及战斗实力状况,具有很强的保密性。所以,航材统计工作,必须做好保密工作。凡是带有数字和具体内容的资料都有其一定的秘密等级。因而,统计资料必须按照统一的保密规定执行,要严格保守统计内容的秘密,认真执行有关秘密文件、资料传递和保存的规定,防止失密、泄密。

6）字迹要清楚

在航材统计工作中,一切文字和数字都要认真填写、不得潦草,书写做到正规清楚。

第2章
航材统计指标

确定航材统计指标是航材统计的前提,这是航材统计工作首先需要解决的问题。本章主要介绍航材统计指标的特点与作用、主要分类、基本要求、绝对指标、相对指标以及航材统计常用指标。

2.1 航材统计指标的特点与作用

1. 航材统计指标的特点

1)航材统计指标是说明航材的数量

航材统计所说的数量不同于一般认识意义上的量,它是实际可以测度或计量的量,这样的量称为数。按这一特点来衡量,前面提到的航材统计指标"一是数量化的科学概念""二是概念加综合性数值"的两种理解,都没有离开数量这个特点,只是它们强调的方面不同。前一种理解,强调航材统计指标是一种"数量表现",它不仅要有"名称",而且要有"数值",这种观点较多地强调了航材统计指标实际的方面。后一种理解则是从理论的方面来说明航材统计指标的,实际上这两种理解并不矛盾。航材统计指标当然是要表现为数字的,但是,在未取得具体的数值之前或者在航材统计理论的研究中,确实存在着作为一种数值概念的航材统计指标,而这种航材统计指标的存在和对它们的理论研究的最终目的,还是为了取得科学的数字资料。因此这两种理解,实际上是一致的。

航材统计指标反映了航材统计的对象是由一个大量单位所构成的航材总体现象。只有表现航材总体的统计指标才是说明航材供应现象的综合特征。例如,2012年某舰航全年消耗各种航空轮胎2486条,平均每副轮胎完成82个起落,这些都是说明航材总体特征的综合指标。如果把航材总体指标缩小为2012年某舰航歼击机平均每副轮胎完成31个起落,这个平均的31个起落同样是综合指标,因为这两个不同范围的轮胎都是大量现象,都是总体。

10

有研究认为航材统计指标也应该包括"航材个体指标",如 A 型飞机 1 副轮胎完成 42 个起落,B 型飞机 1 副轮胎完成 124 个起落等。航材统计的基本作用就在于从数量方面来认识航材供应工作的全过程。航材综合指标就是从数量方面对航材总体的规模及特征进行的概括。只有通过航材综合指标才能对航材总体的特征作出数量的说明,才能从整体上来比较和鉴别航材供应工作的全过程,进而说明航材供应现象的规律。而"航材个体指标"是做不到这一点的,因为它所说明的只是个别单位的情况。但这并不排斥航材统计工作中对"航材个体指标"的应用,如对个别先进单位或先进机组、机械师、保管员的事迹反映就需要利用"航材个体指标",并利用它来补充说明航材综合指标。

2)航材统计指标是客观事实的数量反映

航材统计指标是从数量方面来说明实际存在或实际发生过的事实的。这个特点把航材统计指标与其他科学中应用的指标区分开来了。例如,计量经济学中也讲指标,国民经济计划学中也讲指标,经济预测中还有预测指标,这些指标一般都是达到什么水平,它们并不说明实际存在或实际发生过的事实。航材统计指标基本上是对航材总体工作过程事实记录的结果,而计划指标则是预期指标。在实际工作中往往有以指标形式下达的各种任务,如军事训练任务、政治学习任务、绿化任务、运输任务等,这些指标从性质上说,都属于计划指标。

另外,在航材统计中为了研究航材供应过程中事物发展的趋势,往往需要在已有的航材统计资料的基础上对未来的航材发展情况进行预测,得出一定的预测指标,这在航材统计的动态分析中也是很重要的。但航材预测指标不是航材统计指标,因为它只是一种预测数值,不是实际数值。

3)航材统计指标是航材工作具体数值,而不是抽象的数

航材统计指标不但要与数学上抽象的数量区分开,而且也要与数理统计中的指标数值区分开。航材统计指标的这个特点说明,在计算和应用航材统计指标时,一定要注意航材供应工作整个过程中的具体内容,使它成为客观反映航材工作整个过程的工具,而不要从纯数量的观点来看待它。

根据上述几个特点,可以对航材统计指标形成一个较全面的概念:航材统计指标是反映实际存在的航材总体现象的数值概念(或名称)和具体数值,有时则仅指航材指标的概念(或名称)。

2. 航材统计指标的基本作用

统计是揭露客观事实的一种工具。航材统计的作用要通过航材统计指标和航材统计中的一些特有方法(如分组法、指数法和平衡法等),而且还需要与军事学、军事后勤学和有关的社会科学理论分析结合起来才能实现,其中航材统计

指标占主导地位。

航材统计指标的基本作用就在于从数量方面来反映航材总体现象的事实，为认识航材工作的全过程提供客观基础。航材统计指标所反映的客观事实大致可概括为以下几种情况。

1）单项事实

单项事实是指用单项指标所表现的事实。例如，2012 年某单位消耗各种航空轮胎（外胎）5300 条，2012 年平均每副轮胎（外胎）完成 72 个起落，都是一个单项指标。前者说明 2012 年某单位消耗航空轮胎（外胎）总规模、总数量，后者则说明每副轮胎保证完成飞行任务量的平均水平。除此以外，它说明不了更多的问题。可见，单项指标也表现了一定的事实，也有一定的实际意义，但它在认识方面的作用是很有限的。

2）综合事实

综合事实是指用多项指标所表示的若干事实，用来说明一定总体的基本特征或说明一个部队、一个地区的基本状况的。例如，为了说明一个部队或一个地区的航空轮胎消耗情况和完成任务比，可以用轮胎数目、轮胎的不同规格、不同机种构成、使用完成任务比、消耗率、周转率、供应率以及一些有关指标来表示。这一套指标是围绕航空轮胎消耗为特征所形成的航材指标体系。通过这套指标反映的事实，可以使人们对某个航材总体——航空轮胎供应使用全貌或基本状况得出一个总的概念，有一个总的了解。又比如，可以通过飞机完好率、航材保障良好率、飞行任务量、航材的周转储备量、全航材系统的订货量、修理能力等一整套指标来反映航材部门的保障能力和应付突发事件的能力，这当然是规模很大的综合事实。

3）趋势性或规律性的事实

趋势性或规律性的事实比较集中地、系统地表现了航材供应中现象的发展和现象之间的关系，从而使人们可以更加深入地从量的方面去认识航材供应过程中的各种规律性。对于这一事实的说明，可能需要一套繁杂的航材指标体系来表述。例如，要分析各个航材仓库的库存量综合平衡关系，或论证航材消耗特点，就不是几个简单的指标可以说清楚的。当然，有些问题其实不需要用太复杂的指标体系，也能说明它的发展趋势和消耗规律。

2003—2007 年某单位航空轮胎（主轮胎）消耗情况如表 2-1 所列。

上述资料表明 2003—2007 年，某单位航空轮胎消耗是有着很强的规律性，但从具体情况来看，在 2006—2007 年道面扎伤和操作失误有所增加。其主要原因是道面处于大修状态，掉块较严重，同时由于跑道质量问题引起飞行员操作失误增多。

表 2-1　2003—2007 年某单位航空轮胎(主轮胎)消耗情况表

分类 ＼ 年度/年	2003	2004	2005	2006	2007
平均每千个起落消耗轮胎数	28×2	31×2	27×2	34×2	32×2
(1)正常消耗/条	54	58	52	63	58
(2)道面扎伤/条	1	2	2	3	3
(3)操作失误/条	1	1	0	2	3
比例/%	100	100	100	100	100
(1)正常消耗/%	96	93	96	93	90
(2)道面扎伤/%	2	5	4	4	5
(3)操作失误/%	2	2	0	2	5

航材统计指标虽然有重要作用,但应当看到,由于航材统计指标的具体性,决定了每个指标只能说明具体方向的问题。要求一个指标说明许多方面的问题是不切实际的,也不应该以强调某一个指标的作用来否定不具有作用的另一个指标。另外,由于许多指标(主要是相对指标或平均指标)都带有一定的抽象性,因此要在应用它们来说明问题的同时,看到它们不足的方面。

2.2　航材统计指标的主要分类

航材统计指标有很多,如航材的项目、数量、金额、重量等,主要可以分为数量指标和质量指标、实物指标与价值指标四类。

1. 数量指标和质量指标

按照作用的不同,航材统计指标分为数量指标和质量指标。

1)数量指标

数量指标是说明航材现象规模的大小、数量多少的统计指标,是说明航材事物广度的统计指标。基层级仓库有多少个,保管员有多少名,库房多少间,航材有多少种类,都属于这一类指标。由于这种指标是表明航材现象的总数或航材现象规模的大小,因此一般用现象的总量来表示。

但是,不能把数量指标仅仅看作是说明航材事物多少的一种指标,这种指标有时也可以说明航材事物的质量。例如,在航材工作人员中有多少人具有专科、本科以上学历的这个指标,除说明人数的多少外,也说明了这部分人的文化素质情况。

2)质量指标

质量指标是指与数量指标相对而言的。质量指标表示的是表明事物质的属性的量,是说明航材事物深度的统计指标。大体有以下几种情况。

(1)反映航材保障情况,例如:

$$航材保障良好率 = \frac{飞机总架日 - 因缺航材停飞架日}{飞机总架日} \times 100\% \qquad (2-1)$$

(2)反映库存航材保管情况,例如:

$$库存航材准确率 = \frac{库存航材总项数 - 差错项数}{库存总项数} \times 100\% \qquad (2-2)$$

(3)反映现象本身质量,例如:

$$产高氧比\% = \frac{高氧产量}{氧气产量} \times 100\% \qquad (2-3)$$

(4)反映任务完成情况,例如:

$$业务学习完成率 = \frac{完成时间}{规定时间} \times 100\% \qquad (2-4)$$

2. 实物指标与价值指标

按照计量单位的不同,航材统计指标主要分为实物指标和价值指标。

1)实物指标

实物指标是以实物单位计量的统计指标。实物指标能反映航材实物的使用价值量,有着很重要的军事意义。

计量单位是很重要的,没有实物计量单位,也就无所谓实物指标。例如,"电台30"就不是指标,因为不知道它是电台的型号,还是电台的数量。如何选择和确定计量单位,对于能否体现实物的用途和说明其准确含义都有着直接的影响。

实物单位主要包括:

(1)自然单位。例如,导管按根,发动机按台,飞机按架,轮胎按条等。

(2)度量衡单位。例如,金属资料按千克(kg),导线、棉布按米(m),飞行时间按小时(h)等。

(3)双重单位和复合单位。例如,电动机的数量按台/千瓦(台/kW)是双重单位,速度按米/秒(m/s)是复合单位。

实物指标作用包括:

(1)它可以反映航材的收入、发付、消耗情况,可以反映工作量的大小、完成任务情况、管理工作做得好坏、所取得的工作成果。

(2)它是编制航材消耗、筹措、申请计划的基本依据。

(3)它可以用来分析、研究主要航材供应情况和进行航材综合平衡。

(4)它是用来说明航材整体情况的主要指标,特别是为了说明航材库存量、来源等实际规模和质量,必须使用实物指标。这是因为在航材供应中都是采用实物进行的,外场直接维修也是用实物。

实物指标虽然有很大的作用,但在实际应用中也有它的局限性。航材向外场和使用部门供应时是实物,采用实物指标,但在采购航材或向非供单位支援时,既是实物又是商品,是以一种商品的形式在流通,这也正是要提出价值指标的重要原因之一。

2) 价值指标

价值指标是以货币为单位计算的统计指标,又称为货币指标。价值指标有广泛的综合性能。例如,航材计价挂账就是利用价值指标,将各中继级航材保障部门总库存金额计算出来,进行库存量的确定,找出各种器材所占经费的比例,以便进行综合平衡。正是由于价值指标具有这一特点,因此在航材统计中得到广泛的应用。

价值指标的作用包括:

(1) 价值指标是随市场规律变化的,如果按现行市场价计算航材的需求量、消耗量,则可以反映航材经费的实际保障情况。如果利用价值指标计算器材新品的价值、堪用品的价值、待修品的价值,可以研究它们之间的比例关系,为器材的订货、修理等工作的决策提供依据。

(2) 按不变价格计算的价值指标可以综合表明航材总量在不同时间的变动程度。例如,按不变价格计算向外场供应的包干器材,以确定外场的消耗定额,确保航材的正常供应。

(3) 用于满足考核军事效益的需要,如在同等条件下完成同等任务指标所用的价值指标。

在航材实际工作中应当注意,不同的情况下应采用不同的价值指标。

2.3 航材统计指标的基本要求

航材统计指标是一个科学的统计指标,应满足概念、计算方法均科学的基本要求。

1. 科学的概念

任何一个科学的概念都包括两个方面:一是概念的实质含义,另一个就是概念所属的范围。前者是决定性的,后者应与前者相适应。航材统计指标的概念也完全是这样。确定航材统计指标必须实事求是,以实际为基础。航材统计指标的实质含义要非常明确,以其所属范围为基础。例如,要调节航材的总库存量,首先要从实质上明确什么是总库存量;要调节航材的总消耗量,首先要明确什么是航材的总消耗量。对于类似航材统计指标的内涵要有明确的解释,然后才能在其解释的基础上进行更进一步的深入研究。

对于航材统计指标来说,大量的问题在于确定它的范围,也就是通常所说的口径问题。这就是要按照航材统计指标的概念,对现实航材供应中的现有现象加以科学细致的判断、区分,从而确定哪些现象应当归纳到要统计的指标范围内,哪些不应该包括进去。只有把这项工作做好,才能取得准确的数字资料。在实践中,困难在于统计指标的范围如何尽可能地、最大限度地接近指标概念的实质含义。

例如,航材技术状况概念的实质,即为掌握航材的技术状况以便于使用管理,该指标按其质量程度划分等级如下:

(1)新品:全新航材,未经装机使用符合技术条件的。

(2)堪用品:堪用航材,经过装机使用或修理后符合使用技术条件的;虽未经使用,但其因某种原因而降低质量仍可装机使用的。

(3)待修品:待修航材,需送厂修理或排故处理的。

(4)废品:报废航材,经过鉴定已无修理使用价值的;退役机种专用航材,无利用价值,经批准报废的。

又如,航材保障良好率概念的计算公式为

$$航材保障良好率 = \frac{飞机总架日 - 因缺航材停飞架日}{飞机总架日} \times 100\% \qquad (2-5)$$

其中,良好架日=飞机总架日-因缺航材停飞架日,飞机总架日和因缺停飞架日的内涵详细说明如下。

1)飞机总架日的内涵

凡属本单位负责航材供应保障的在场飞机(含封存飞机)和短期驻场执行任务归属本场航材供应保障飞机的架数乘以在场天数,则为飞机总架日。

下列情况不计算航材保障总架日。

(1)飞机送厂修理,从空转之日起(地转装箱)到出场转回本场时间止。

(2)飞机报废自批准之日起。

2)因缺航材停飞架日的内涵

下列情况为因缺航材停飞。

(1)以当日20点为准,凡属在20点后飞机没有恢复良好者,从当日起即开始计算为不良好架日。

(2)封存飞机因串件,致使飞机不良好者。

(3)飞机更换发动机、检修、定期工作,因缺航材影响交付使用者。

下列情况不作为因缺航材停飞。

（1）飞机加（改）装，在航材未筹措齐时，提前施工而影响加（改）装工作进度者。

（2）事故飞机，修复过程中因缺航材而影响进度者。

（3）属于工厂产品质量问题，需检查、排故而影响飞机良好者。

这些规定都使航材统计指标的范围尽可能地接近其指标概念的实质含义，当然它们的实质含义和具体范围之间还有一定的距离，要完全消除这种距离是不可能的，但使它们之间最大限度地趋于一致是可以做到的，条件就是坚持航材统计指标的科学性。

2. 科学的计算方法

对航材统计指标的计算在很大程度上就是一个计量过程。既然要计量，就有计量方法是否科学的问题。只有科学的航材统计指标概念，而没有科学的统计方法，同样不能保证航材统计资料的质量。

航材统计指标的科学计算方法，包括内容和形式两个方面。内容就是如何计算才能使得航材统计指标符合客观实际，才能有现实意义。至于采取什么形式或者说采用什么样的具体公式，则要服从航材统计指标的内容。

确定一种航材统计的计算方法，存在两种不同情况的选择：一种是属于正确和错误之间的选择；另一种是属于是否合乎目的的选择。

1）正确与错误之间的选择

科学的计算方法当然首先是正确的方法而不是错误的方法。正确的方法应满足以下两点要求。

（1）正确反映计算对象的内容和特点。计算方法所依据指标的概念或范畴应是正确的。例如，对战时发动机的需要量或某项器材的消耗定额进行计算，如果对这些指标的概念或内容理解得不正确，则不管什么样的计算方法，都不会得出正确的结果。

（2）正确理解和反映现象之间的联系和关系。例如，要计算航材保障良好率，就要考虑到飞机总架日、良好架日与航材保障良好率的联系，确定哪些情况不计算为航材保障的飞机总架日、哪些情况为因缺航材停飞、哪些情况不作为因缺航材停飞，这样才能计算出飞机总架日、良好架日。否则，如果统计时没有准确把握飞机总架日、良好架日的内涵，即使航材保障良好率的计算公式（2-5）非常正确，那么计算结果也是不准确的。

2）合乎目的的选择

选择一种计算方法或鉴别一种方法的科学与否，是与利用这个指标来研究问题的目的分不开的。既然计算方法是反映客观过程的一种形式，那么它就不是在任何情况下都是一成不变的。因为客观过程在变，现象的特点也在变化，统计上相应的计算方法也要改变。例如需要充冷车的数量这个指标,它决定于机群冷气消耗量和充冷时限。可以按机群冷气消耗量来计算充冷车的数量,也可按机群的充冷时限来计算充冷车的数量,也可以从中取得最大值作为需要充冷车的数量。这三种方法是根据需求情况而确定,同时也都是成立的。

需要指出,航材统计指标计算方法的科学性并不排除它的某种假定性。例如,在航材统计工作中常常利用期初、期末两个时点的航材消耗量计算某个时期的平均消耗量。像这样的指标就有相当大的假设性,其假定在这两个时点之间航材消耗量是均匀的。但是在没有或不可能有逐日航材消耗量的情况下,用这种近似的平均数比起只用一个时点的航材消耗量代表全年的航材消耗量来说,更符合实际。从这个意义上说,这种计算方法在科学的范围内是允许的。但是,假定性不能过大,否则就有可能使航材指标带有虚构性。

航材统计指标从它们的作用和方法特点的角度可概括为三类,即绝对指标、相对指标、平均指标,总称为航材综合指标。这三种指标作为一个统一的航材综合指标,可以把它看作是航材统计的结果,同时又是进行航材统计分析的基础和工具。航材统计分析都离不开这三种指标,只不过是随着研究的目的不同,对它们进行不同的加工应用而已。

2.4　航材统计绝对指标

2.4.1　航材绝对指标的概念与作用

1. 航材绝对指标的概念

航材绝对指标又称为航材绝对数,是最基本的航材统计指标,是计算航材相对指标和航材平均指标的基础。

航材绝对指标(或航材总量指标)一般表示航材业务活动的总量,是表示航材具体现象在一定时间、地点条件下的规模和水平。它是用一定的计量单位表示的,具有其一定的具体内容。例如,一个基层级仓库,保证多少架飞机、年度航材总经费、消耗器材总金额等,这些都反映了航材业务活动现象在具体时间、空间条件下的总规模和总水平。航材绝对指标还可以表现为航材总量之间的绝对差数,或者是增加量,或者是减少量。但是,作为航材绝对指标所反映的内容,主要是航材业务活动的总量。

2. 航材绝对指标的作用

航材绝对指标在航材统计中的作用,具体表现有以下几点。

(1)它是用来反映供应、消耗、库存计划、筹措等业务活动的基本数据,如保障飞机架数、单机消耗量、供应良好率、库存量等。

（2）它是制定航材供应保障计划和检验航材供应保障计划的基本数据。例如，根据飞行训练、作战任务和航材消耗定额制定航材筹措、供应保障计划。如果不知道在具体的训练、作战任务中所需的航材总量，就无法制定航材供应保障计划，同样也无法检查航材供应保障计划的准确性如何。例如，航材的库存总量及库存航材的质量情况，对航材供应保障能力有着直接的影响，所以在航材统计汇总时非常强调航材库存情况的准确性。每一种航材业务活动现象中的总量，如消耗总量、库存总量、修理总量等，都有着它一定的实际意义。这些航材总量指标都是进行各项航材业务活动、决策和安排的基本数据。

（3）它是反映航材供应保障工作与实际供应保障绝对效果的工具。特别是反映和表现航材总量之间绝对差数的增加量、减少量这类绝对指标，其主要作用就是说明航材供应保障现象的绝对效果，如航材在使用中的节约与浪费、周转的快与慢、经费节约与超支等。

2.4.2 航材绝对指标的种类

1. 总体单位总量和总体标志总量

航材总体指标按其说明的航材总体内容不同，分为航材总体单位总量（总体总量）和总体标志总量。航材总体单位总量表示的是航材总体本身的规模的大小，如仓库数、人数等。航材总体标志总量是指航材总体某种标志数值的总和，如作为航材仓库总体的库存航材的总项数、收入项数、消耗项数等。航材总体标志总量是说明航材总体特征的总数量。一个航材总量指标究竟是属于航材总体总量还是航材总体标志总量，随着研究目的的不同和研究对象的变化而定。

2. 时期指标和时点指标

航材总量指标按其反映的时间状况不同，可分为时期指标和时点指标。

1）时期指标

时期指标是反映航材业务活动现象在一定时间发展过程中的总数量，如一定时期航材库存量、消耗量和库存周转量等。

时期指标具有下列特点。

（1）可以累计。这种航材业务活动的现象是在连续不断地发生的，每个时期的累计数就表明了该时期航材业务整个活动过程的总数量。

（2）数值的大小直接受航材业务活动现象过程时期长短的制约。现象经历的时间越长，数值越大；反之，就越小。因此，对时间指标进行比较，要注意它们之间的可比性。例如，有的月份是 30 天，有的月份是 31 天，还有的是 28 或 29天。如果按月份为单位对航材消耗量等指标进行比较，就需要消除由于时期长短不同所带来的影响。

2）时点指标

时点指标是反映航材业务活动现象在某一时刻（瞬间）状况的总量。例如，在航材年度汇总时，各项航材库存情况、收入情况、发付情况都以9月30日这一时点确定。

时点指标有下列特点。

（1）航材业务现象处于某一时刻的状态。这种现象不能累计，只能按时点所表示的瞬间计数。例如，航材的库存数只能是某一时点上的库存数，不同时间上的库存数不能相加。

（2）数值的大小与时点的间隔长短无直接关系。例如，航材库存数并不是随着时点间隔的扩大而相应地增加，在2012年9月30日某项航材库库存航材总项数为16724项，半年后库存航材总项数可能是15320项，再过半年后库存航材总项数可能是16340项了。之所以出现波动，是因为时点指标是这种现象在一定间隔时间变化中离差抵消的结果，有消耗也有增加，就是说收入和发付都在进行，而不是累计的结果。

2.4.3　航材绝对指标的统计方法

1. 航材绝对指标的统计范围

航材绝对指标主要是对航材总量指标的计算和统计。在航材统计中，绝对指标的问题主要是技术问题，即航材业务现象的具体范围的确定。例如，在航材统计时，要分清是消耗还是收入，哪些是消耗，哪些是收入；又如，要确定航材的分类，按分类情况去统计，哪些属于机械器材，哪些属于特设器材，哪些属于四站器材，哪些属于物资器材。要统计机械器材，就不能把其他器材统计在内。要统计新品，就不能将堪用品也统计进去。这些都是航材业务中具体事物现象的概念问题或者范围问题，如果航材业务现象的范畴未定，其现象所包含的数量多少也就不清楚。

2. 计算航材总量指标的具体方法

1）直接计量法

直接计量法就是通过对研究对象进行直接的计数、点数或测量等方法，计算出总量。航材统计报表中的总量资料，对航空发动机普查中的总量指标，基本上都是这样计算的。

2）推算与估算法

推算与估算法主要是在航材总体的总量指标不能直接计算或不必要直接计算的条件下采用的方法，如抽样推断等。

3）评定法

评定法主要是对难以进行计量而又必须计量的现象所采取的方法。例如，在航材岗位练兵比武中，对一些项目的评分就是这样。在采用这种方法时，必须对每个项目的评定都有一个细致的、统一的评定标准。

3. 统计航材总量指标应注意的问题

1）要注意航材业务现象的同类性

作为实物指标计算航材总量时，应注意航材业务现象的同类性。只有同类的航材业务现象才能计算总量。同类性是由航材实物的性质或用途决定的，例如，可以把堪用品航材作为一类计算其总库存量和总消耗量，但不能将堪用品航材和新品航材混为一起来计算航材总量。因为，对堪用品航材和全新航材在定价和使用要求上都有很大的区别。不过，对航材业务现象中总量同类性的认识，也要因其具体的统计条件而定。例如，在运输航材时，只要求计算航材的重量和体积来决定运载工具的数量，而不需要去问其是什么品种的航材。

2）要说明统计含义和统计方法

在统计航材总量时要明确统计含义和统计方法。例如，年终航材汇总时，对航材的消耗量就有不同的理解。有的理解为只要从航材仓库发出了就算消耗。实际统计航材消耗总量时，一般将部附件、资料装机后才计算为消耗，在外场修理厂、地勤中队维护组中存放的都不定为消耗；但对一些小的零件和消耗性维护品一经从航材仓库发出就算作消耗。因此，在进行航材统计时究竟按什么含义和什么方法计算，应根据研究的目的予以统一、明确的规定，进而确定一种明确而合理的计算航材总量的方法，同时在对航材总量进行对比时，要注意它们的含义及其统计方法是否相同。

3）统一计量单位

在航材统计中，计量单位的问题主要是航材的具体单位，有米、千克、个、件、副、套、根等，不同的计量单位表示了不同航材实物的量。例如，导线用米、资料用千克、零备件用个或件、副油箱用副、导管用根等，这都是具体地表示航材实物量的单位。相同的航材应用相同的计量单位来表示，若不统一，就容易造成航材统计数量方面的差错和混乱。因此，在航材统计中必须按照航材目录中规定的计量单位计量。

2.5 航材统计相对指标

2.5.1 航材相对指标的概念与作用

1. 航材相对指标的概念

航材绝对数是航材统计的基本数字，但是只靠绝对数往往不能对航材业务活动现象作出正确的判断。要判断、鉴别事物就需要比较。比较有两种:一种是差额比较;另一种是程度比较。

差额比较就是利用绝对数相减计算差额。例如,某单位 2008 年航材经费为 187 万元,2009 年为 220 万元,这两年的经费比较:220-187 = 33 万元。经过比较,其中有了变化,但变化的程度有多大是看不出来的。为了解决这个问题,就要计算相对数,以便在数量对比中进一步说明这一航材事物发展程度。

航材相对指标,又称航材统计相对数,是由两个有联系的绝对数对比的结果。

航材相对数这个概念反映了相对数的一个特点,就是把两个具体数值加以概括化或抽象化了,使人们对其所要认识的航材事物有一个清晰的概念。

2. 航材相对指标的作用

1) 通过数量的对比说明航材业务活动发展程度

航材统计的相对指标是通过数量之间的对比,说明航材业务活动的发生情况、发展程度和相互关联的程度及作用,因而有助于鉴别航材业务活动过程情况和分析其未来发展趋势。

例如,以某飞行团消耗雷达器材情况来说明这个问题,2008 年消耗整件 82 件,消耗零件 108 件;2009 年消耗整件 75 件,消耗零件 134 件;2010 年消耗整件 64 件,消耗零件 160 件。以 2008 年和 2009 年消耗器材情况相比,即 $\frac{75}{82} \times 100\% \approx$ 91%, $\frac{134}{108} \times 100\% \approx 124\%$,整件消耗减少了 9%,零件消耗增加了 24%。以 2009 年和 2010 年消耗器材情况相比,即 $\frac{62}{75} \times 100\% \approx 83\%$, $\frac{160}{134} \times 100\% \approx 119\%$,整件消耗下降 17%,零件消耗上升 19%。通过以上分析,3 年航材消耗情况的变化程度就有了一个明确的概念。如果把整件和零件消耗情况与整个消耗费用进行对比,就会得出更加明确的概念。例如,一个整件平均 5000 元,一个零件 32 元,既可以得出 5000×82×9% = 36900(元),32×108×24% = 829.44(元),36900-829.44 = 36070.56(元),由于整件消耗降低,2009 年就可以节约航材经费 36070.56 (元)。2010 年可以节约经费 5000×75×17%-32×134×19% = 62935.28(元)。以上分析表明,由于修理能力得到提高,消耗整件减少,提高了航材的周转率,也进一步地提高了航材供应保障的能力,从而也带来了不可低估的经济效益和军事效益。

2) 利用相对数便于对航材业务中的具体事物进行比较和分析

在研究航材业务中的问题时,对基础不同的绝对数是不能比较的,但相对数却能使它们之间取得可比较的基础。

例如,某甲、乙两个机组执行航材消耗定额的情况如表2-2所列。

表2-2　甲、乙两个机组执行航材消耗定额的情况

分类 机组	计划消耗定额/元	实际消耗/元
甲机组	1000	830
乙机组	800	670

用绝对数比较很难说明两个机组执行消耗定额的情况如何,因为它们的基础不同。但用相对数却可以比较,只要计算一下实际消耗和计划消耗定额的百分比,就可以对它们作出明确的比较和评价,分出哪个更好一些。经过计算,甲机组实际消耗占计划消耗定额的83%,说明了甲机组很好地执行了消耗定额;乙机组实际消耗占消耗定额的84%,说明了它也很好地执行了消耗定额,但二者相比,乙机组比甲机组还要好一些。

3. 航材相对指标的计量形式

航材相对指标的计量形式,概括起来说有两种:一种是计量的单位数,例如,航材件数、项数、个数;另一种是无计量的单位数。在航材相对指标中,大量的是以无计量的单位数表示的,一般包括以下几种。

1)系数和倍数

这是将对比的基数抽象化为1而计算出来的相对数,在两个数对比时,其分子和分母的差别不大,就可以用系数形式表示。如航材的新品和堪用品的等级系数,某液压泵新品的价格为18000元,堪用品为7200元,则这两种级别的航材价格之比为$\frac{18000}{7200}=2.5$(倍),新品和堪用品的等级系数为2.5倍;反之,堪用品和新品的比是$\frac{7200}{18000}=0.4$,其等级系数为0.4。又如,保障价值2400万元的某型歼击机,每年消耗价值120万的器材,则年消耗器材的系数为$\frac{120}{2400}=0.05$。通过上述两个例子,可以看出有的分子值大于分母值,有的分子值小于分母值,也就是说系数可大于1,也可小于1。如果分子的数值比分母大得多,则可直接使用倍数的概念。

2)成数

这是将比的基数抽象化为10而计算的相对数。例如,所保障的机种四成是老旧机种,也就是说老旧机种占保障总数的4/10。

3）百分数、千分数和万分数

百分数（以符号%表示）是将比的基数抽象化为100而计算的相对数。这种计量形式在航材统计中是最常见的，如航材保障良好率，库存航材账、物、卡准确率。在两个数值对比中，如果分子的数值比分母的数值小得多，则宜用千分数或万分数（以符号‰或‱表示）。千分数和万分数在航材统计应用的不多，但在涉及航材业务工作的机务工作和飞行训练却经常使用，如误飞千次率、事故万时率等。

相对数采用什么计量形式，要以能充分反映它所表示的内容而定。

2.5.2 航材统计常用的相对指标

1. 计划完成程度指标

计划完成程度指标是用来检查、督促航材计划执行情况的相对指标，通常以%表示，又称计划完成百分比。

计划完成程度指标可以通过绝对指标直接计算，也可以用其他派生指标来计算，但最基本的还是用绝对指标计算。因为在制定计划时，计划指标主要是以绝对指标为基础的。

1）以绝对指标形式计算计划完成程度指标的方法

以绝对指标形式计算计划完成程度的一般公式为

$$计划完成程度指标 = \frac{实际完成数}{计划数} \times 100\% \tag{2-6}$$

这个公式的分子项数值减分母项数值表明计划执行的绝对效果。

对这个公式，又可以有两种算法从不同的方面表示计划完成的程度。一种是实际完成数与计划数都是同一时期的。例如，年度实际完成数与年度实际计划数之比，它说明某时期计划执行的结果。这种计划完成程度指标具有总结的性质，除对本期的计划完成情况进行总的评定外，也是制定下期计划的依据。另一种是计划期中某一阶段时期的累计实际完成数对计划期全期计划之比。例如，某基层级仓库全年专业训练计划时间为240h，平均每季度计划时间为60h，实际完成情况如表2-3所列。

表2-3 基层级仓库专业训练计划完成程度计算表

专业训练计划时间/h		第三季度实际完成时间/h	第三季度完成计划时间/%	累计到第三季度实际完成训练时间/h	至第三季度止完成年度计划总时间/%
全年	其中第三季度				
240	60	72	120	210	87.5

从该表中可以看出第三季度计划时间为60h，实际完成72h，完成了计划的

120%；累计到第三季度，实际完成训练时间是210h，完成年度计划训练时间的87.5%。通过季度完成训练时间数与全年计划时间数进行对比，可以用其分析整个计划期间计划执行的进程，使计划能够均衡地进行。

2）以相对指标形式计算计划完成程度指标的方法

计划指标大多数是按航材总量指标或质量指标来规定的。在这种情况下，计算航材计划完成程度指标的方法，就是前面讲到的一般计算方法。但有时航材计划任务是用提高或降低百分数来规定的，这时，计算航材计划完成程度指标，需要用实际完成百分比与计划完成百分比进行对比。在这里，航材计划任务通常是将计划水平与基期（上一时期）实际水平对比，求出提高或降低的百分比。在检查计划完成情况时，也必须将本期实际水平与基期实际水平对比，然后再将实际完成百分比与计划任务的百分比加以对比来确定航材计划完成程度指标。

例如，某中继级航材保障部门计划规定2007年航材保障良好率比2006年要提高2%，实际提高了4%，则航材保障良好率计划完成程度为 $\frac{104}{102} \times 100\% = 101.96\%$，即超额1.96%完成航材保障良好率的计划任务指标。

又如，某基层级仓库总结历年换季平均每架飞机（含地面设备）消耗油漆12.8kg，本年根据外场的实际情况计划降低消耗10%。由于措施得力，实际本年平均每架飞机消耗油漆11kg，降低消耗14%，则降低消耗计划完成程度为 $\frac{86}{90} \times 100\% = 95.6\%$，实际消耗比计划任务又降低了4.4%。

在航材的实际工作中也有用相减的方法来说明按增减百分比规定计划任务的计划完成情况的。在提高航材保障良好率的例子中104%-102%=2%或者4%-2%=2%，说明了实际良好率比计划良好率提高2个百分点。在降低油漆消耗计划中86%-90%=-4%，或14%-10%=4%，说明实际消耗比规定计划降低消耗任务多降低了4%。

这种方法在说明完成计划的增减百分比任务方面简单易懂，它是和百分比对比方法意义不完全相同的另一种方法，二者不能互相代替。

2. 结构相对指标

结构相对指标是说明航材总体内部组成情况的相对数。总体是在同一性质基础上由各种有差异的部分所组成的。为了从航材总体的组成状况认识航材总体，就需要计算航材总体结构的相对指标。结构相对指标是以航材总体总量为对比的基础来计算各部分所占比例的一种相对数，它往往以百分数的形式表示。其计算公式为：

$$结构相对指标 = \frac{总体的某部分数量}{总体总量} \times 100\% \qquad (2-7)$$

例如,航材筹措的渠道很多,其方式有订购的,有送厂修复的,有部队自制、自修的,有向临近单位求援的,有单位间互相调剂的,有国外进口的,等等。为研究航材筹措的结构,就必须将用各种方式筹措到的航材量同航材筹措这个总量相比。至于在计算航材结构相对指标时,是只计算总体中某一部分所占的比例,还是同时计算各部分占航材总体总量的比例,可以根据研究目的来决定。

由于航材结构相对指标是部分对总体所占的比例数,因此航材总体各部分所占比例之和必须等于 1 或 100%。

航材结构相对指标可以说明一定时间、空间条件下航材总体结构的特征,如表 2-4 所列。

表 2-4   2009 年某项航材部门筹措航材方式结构

渠道方式	占总数的百分比/%
(1)工厂订购	48
(2)送厂修复	21
(3)部队自制、自修	16
(4)求援	2
(5)互相调剂	3
(6)国外进口	10

可以看出,在航材筹措的渠道方式中,工厂订购、送厂修复两项占据其总体总量的 69%,这也说明工厂订购、送厂修复是航材筹措的主要方式,因此如何做好航材的采购和送修是航材筹措工作的关键。但部队自制、修理所占的比例也不小,这在目前航材经费紧张的情况下,也是缓解航材经费紧张,做好航材供应保障工作的重要环节。在国外进口方面,因为进口装备有限,虽然国外进口部分占其航材总体比例不大,但就其进口装备来说,则是占有举足轻重的地位。这就是航材筹措结构的特点。

航材结构相对指标还说明航材事物发展的普遍程度。每个结构相对指标的大小(即比例大小),都说明航材总体中某个部分所占的地位或扩展程度。如果将这种资料从时间上进行观察,就可以看出航材事物发展的量变过程,如表 2-5 所列。

表 2-5　航材消耗结构

年度/年	整件/件	零件/件	整件比例/%	零件比例/%
2006	105	60	63.6	36.3
2007	98	90	52.6	47.4
2008	82	108	43.1	56.9
2009	75	134	35.8	64.2
2010	64	160	28.6	71.4

上述资料说明了 2006—2010 年某单位航材消耗结构变化过程,这个过程从表面来看反映了整件消耗减少,零件消耗增加。实际上则反映出这个单位对航材修理工作的逐渐重视,其修理能力在不断提高,航材的整体保障能力在不断增强。

3. 比例相对指标

航材比例相对指标(也称为比较相对数)是通过不同数量对比的结果,说明航材现象之间的比例关系的一种相对指标,包括下列两种情况。

1) 同一种现象在不同空间的对比

通过同一种现象在不同地区、部门和不同单位之间的比较,说明该现象在不同空间存在的比例关系。例如,甲、乙、丙三个地区某年的航空轮胎保障飞行起落次数如表 2-6 所列。

表 2-6　甲、乙、丙三个地区某年的航空轮胎保障飞行起落次数

地区	每副轮胎保障起落次数/次
甲	34
乙	30
丙	26

这三个地区在航空轮胎保障飞行起落次数上存在着数量关系,可作如下对比:

$$\frac{\text{甲地区每副航空轮胎保障飞行起落次数}}{\text{乙地区每副航空轮胎保障飞行起落次数}} = \frac{34}{30} \approx 1.13 \text{ 倍}$$

$$\frac{\text{甲地区每副航空轮胎保障飞行起落次数}}{\text{丙地区每副航空轮胎保障飞行起落次数}} = \frac{34}{26} \approx 1.31 \text{ 倍}$$

$$\frac{\text{乙地区每副航空轮胎保障飞行起落次数}}{\text{丙地区每副航空轮胎保障飞行起落次数}} = \frac{30}{26} \approx 1.15 \text{ 倍}$$

这说明了,以乙地区每副航空轮胎保障飞行起落为基础,并将其抽象化为 1 时,甲是乙的 1.13 倍,它们二者的比例为 1.13∶1。若取倒数,即乙地区每副航

空轮胎保障飞行起落次数 30 与甲地区每副航空轮胎保障飞行起落次数 36 对比,则乙、甲两地区每副航空轮胎保障飞行起落次数的比例可写作 1：1.13。同理,以丙地区每副航空轮胎保障飞行起落次数为基础,并将其抽象化为 1 时,则甲、丙的比例可写为 1.31：1 倍,乙、丙的比例可写为 1.15：1 倍,其倒数分别是 1：1.31 或 1：1.15。

2）同一航材总体内的不同部分之比

例如,航材筹措总体中订购部分和送修部分之比。订购部分占航材筹措总体的 48%,送修部分占航材筹措总体的 21%,则订购和送修的比例为 16：7。

4. 航材强度相对指标

航材强度相对指标是有密切联系的两个航材总体总量之比,这个航材指标直接表示航材现象发展水平所达到的程度或密度。航材强度指标有正算法和倒算法两种。

1）正算法

例如:

$$\frac{启动车数}{本单位保障飞机数},\frac{充氧车数}{本单位保障飞机数},\frac{充冷车数}{本单位保障飞机数}$$

即是说明该单位每架飞机所需的起动车数或充氧车、充冷车数。

2）倒算法

例如:

$$\frac{本单位保障飞机数}{起动车数},\frac{本单位保障飞机数}{充氧车数},\frac{本单位保障飞机数}{充冷车数}$$

即是说明该单位每辆启动车或充氧车、充冷车可保障的飞机架数。

在航材保障中一般采用正算法,因为它在保障水平上主要是依据各种类型飞机的架数多少来决定配备多少特种保障车辆。

航材强度指标的作用有以下两个方面。

（1）说明了飞行训练、作战的实际需要和航材部门的实际保障能力。

（2）由于航材强度指标表现为一种单位水平,因而便于在不同地区或时间条件下进行比较。例如,在特种车辆的配备上,在平时对正常训练的部队可按其规定的标准进行配备;但对那些在重要方向、地域的应急作战部队就必须加强配置,以确保作战任务的完成。

航材强度指标和其他相对指标比较有以下特点。

（1）它在多数情况下用复名数来表示,个别时候用百分数表示。

（2）强度指标带有平均的意义,如特种车辆的配备数量或所能保障飞机的数量。

（3）强度指标不是平均数，而是相对数。

5. 航材动态相对指标

航材动态相对指标(也称动态相对数)是指前后时期同一指标之比。航材动态相对指标表示航材现象在一定时期内发展状况的程度，是表明航材现象在不同时间上的变动程度的相对数。动态相对数，可以是本期和前期比、本期和上年同期比、本期与某地特定时期比。通常情况下，作为比较期的基础称为"基期"，用于和基期比较的时期称为"报告期"或"计算期"。其计算公式为

$$动态相对指标 = \frac{报告期指标}{基期指标} \times 100\% \qquad (2-8)$$

动态相对指标说明航材现象的发展速度或发展程度。例如，某单位航材经费 2009 年为 200 万元，2010 年为 210 万元，则从 2009 年到 2010 年它的发展速度为 $\frac{210}{200} \times 100\% = 100.5\%$。

2.5.3 航材相对指标使用时应注意的问题

在计算和应用航材相对指标时应注意下列问题。

1. 基数选择

航材相对指标的基数是指标对比的依据或标准，基数选择不当，相对数就失去作用。因而，选择基数需要注意以下几点。

（1）要结合研究问题的目的来决定。

（2）要能反映一定历史阶段的特点。例如，在整理航材资料时，应注意在不同时期、不同阶段，航材保障的特点和情况是不同的，其航材相对指标的基数也是不同的。

（3）要选择航材经费、航材来源、航材供应保障平稳时期。

2. 分子与分母的可比性

可比性是计算和应用航材相对数的一个重要的条件，航材相对指标可比性涉及的方面较多，主要有以下几点。

1) 范围的可比性

范围的可比，主要是航材总体范围要可比。例如，对航材保障良好率的资料进行对比，就必须对航材保障良好率的概念有正确的理解，在不同时期还应有个统一的理解，有一个科学的概念，否则是无法比较的。

2) 计算方法的可比性

计算方法的可比，是航材同类现象在不同空间和时间进行对比时应该注意的问题。例如，在对包干定额的资料进行对比时，计算方法要在空间和时间的对

比中取得一致,在指标的价格上要统一,如表2-7所列。

表2-7 包干定额资料

分类 机组	定额金额/元	消耗金额/元 (约定价格)	消耗金额/元 (实际价格)	消耗率/% (约定价格)	消耗率/% (实际价格)
甲机组	900	680	810	75.6	90
乙机组	900	700	780	77.8	86.6
丙机组	900	810	990	90	110
丁机组	900	1020	1100	113.4	122.2

表2-7中消耗金额的计算表明,虽然是同类的航材现象,但在时间和空间上有所差别。因为在制定航材消耗定额时是按当时的市场价格制定的,制定了定额就必须按照所规定的定额去执行。但受市场经济的变化的影响,市场价格往往是在不断变动的。如果在计算时,抛开制定定额时的价格去计算,其消耗定额往往无法执行。所以,必须有一个约定的价格,在计算时都按约定的价格去计算,用约定的价格指标去比较。如果按计算时期的市场价格去计算,以便对消耗定额进行适当的调整,这也是允许的,但必须都按这个价格去计算、比较。

3. 航材总体结构可比性

同种航材现象的相对指标在不同地区或不同时间进行比较时,要注意总体结构上的可比性。甲、乙两地消耗航空轮胎情况的比较如表2-8所列。

表2-8 甲、乙两地消耗航空轮胎情况

分类 机型	甲地区				乙地区			
	机组数/ 个	机种结 构构成/ %	消耗轮 胎/条	消耗率/ %	机组数/ 个	机种结 构构成/ %	消耗轮 胎/条	消耗率/ %
歼击机	150	57.69	2200	1467	60	41.10	900	1500
轰炸机	80	30.77	500	625	70	47.90	450	643
其他	30	11.54	90	300	16	11.00	50	313
合计	260	100.0	2790	1073	146	100.0	1400	959

对比方法包括:

(1) 通过地区的轮胎消耗率进行对比。

$$甲地区轮胎消耗率 = \frac{2790}{260} \approx 1073\%, \quad 乙地区轮胎消耗率 = \frac{1400}{146} \approx 959\%$$

由上述计算中可以看出各机种的轮胎消耗率是甲地区<乙地区;但总的轮胎消耗率,则是甲地区>乙地区。这就是由于甲、乙两地机种结构构成不同的结果。

（2）以标准的机种结构构成为统一标准进行对比。将机种结构构成标准用相对数来表示，即为标准化系数。只有在这种标准化构成的基础上，才能进行比较。

为了真正能对甲、乙两地的轮胎消耗率进行比较，就需要以第三地区的机种结构构成为标准，然后在此基础上来对比。首先，计算其机种结构构成百分比，即标准化系数，然后再结合甲、乙两地轮胎消耗率进行换算，进而得到两地的机种轮胎消耗率，如表2-9所列。

表2-9　甲、乙两地消耗航空轮胎情况

分类 机型	标准机种结构/架	标准机种结构构成 p/%	甲地区轮胎消耗率 $q_甲$/%	乙地区轮胎消耗率 $q_乙$/%	甲地区机种轮胎消耗率 $pq_甲$/%	乙地区机种轮胎消耗率 $pq_乙$/%
歼击机	72	53.73	1467	1500	788.21	805.95
轰炸机	54	40.30	625	643	251.875	259.129
其他	8	5.97	300	313	17.91	18.686
合计	134	100.00	1073	959	1057.995	1083.765

利用上述的计算方法，就可以看出不论机种的轮胎消耗率或是总的轮胎消耗率，甲地区都低于乙地区。

4. 相对指标与绝对指标的结合应用

应用相对指标时要与计算该相对数所用的绝对指标相结合，这一点是相对数的抽象化特点所决定的。

两个航材总体单位业务经费资料如表2-10所列。

表2-10　两个航材总体单位业务经费资料

分类 单位	基期水平/万元	报告期水平/万元
甲单位	10	15
乙单位	200	300

这两个单位的业务经费增长速度分别为

$$甲单位 = \frac{15}{10} \times 100\% = 150\%，乙单位 = \frac{300}{200} \times 100\% = 150\%$$

（1）从绝对数上看，这两个单位的业务经费不论是基期还是报告期都相差20倍，但从相对数上看，却是完全相等的。所以在利用相对数分析问题时，不结合研究它背后的绝对数就不容易得出全面的结论。

（2）在研究一些航材相对数时还要考虑它的绝对效果。例如，在前面关于某中继级航材保障部门计划规定 2007 年航材保障良好率比 2006 年要提高 2%，而实际的完成程度提高了 4%，则航材保障良好率计划完成程度为 $\frac{104}{102} \times 100\% \approx$ 101.96%，则实际完成数与计划完成数的绝对差额为 1.96%。

2.6 航材统计常用指标

1. 寿命指标

航材寿命指标是一种针对具体器材的个体指标，一般包括库存保管寿命、装机使用寿命和其他寿命。

（1）保管寿命：主要是保管期，它是在仓库中保管的期限，是日历寿命，也称为保管日历。

（2）使用寿命：是器材装机使用的期限，包括使用小时、使用次数和使用期三种，其中，使用次数包括起落次数、启动次数（如起动机）、收放次数（如吊放声纳电缆）、充放电次数（如蓄电池）；使用期，即装机使用的期限，也是日历寿命，也称为使用日历。

使用期是从装机使用开始计算，而保管期则是从出厂开始计算。

一般情况下，库存航材可以通过剩余保管期与规定保管期预测是否到寿，用于申请决策；装机航材可以通过剩余使用寿命和规定使用寿命预测是否到寿，用于计算消耗周转定额。

（3）其他寿命：有寿可修航材除了上述寿命指标以外还规定了总寿命，对这类器材，由于它可以多次翻修，每次修理后工厂规定下次翻修间隔期即规定寿命，因此它们还需要通过剩余总寿命和规定总寿命来预测进一步确定是否到寿。剩余总寿命是规定总寿命和使用总寿命之差，使用总寿命是历次修理已使用的寿命之和。

另外，虽然有寿可修航材可以多次翻修，但是它们并不能无限次翻修，使用达到一定程度时就没有翻修价值了。因此，该类航材除了需要控制寿命以外，也需要控制翻修次数。

如果航材的累计使用寿命达到总规定寿命，或者最近一次修理后的使用寿命达到规定寿命同时已返修次数达到规定翻修次数，那么就必须报废。该部分器材不能用于到寿周转预测，到寿周转预测的对象是除了这部分器材之外的到寿器材。

2. 保障指标

航材保障指标是针对航材总体的综合指标。常用的航材保障指标主要包括以下几种。

（1）消耗数：是指维修或维护更换的数量。

（2）报废数：是指消耗掉、不能再使用的数量。

（3）送修数：是指送工厂修理的数量。

（4）修理周期：是指从送修到返回的时间，一般比较常用的是平均修理
周期。

（5）订货周期：是指从签订订货合同到交付到单位的时间。

（6）故障数：是指装机使用发生故障的数量。

（7）到寿数：是指到规定的保管寿命或使用寿命的数量。

第3章
航材统计调查与整理

　　航材统计调查和整理是航材统计工作中针对要研究问题有计划、有组织地向调查单位搜集、整理资料的一个工作阶段。航材统计工作就是通过调查和整理,掌握航材工作全过程的工作现象的丰富资料,然后通过整理分析,达到正确认识、合理解决问题的目的。本章主要介绍航材统计调查的任务与要求、种类与方法、调查方案、组织方式,航材统计整理的任务与内容、航材统计分组、变量数列、航材统计资料整理与统计表,以及消耗周转定额主要统计表。

3.1　航材统计调查

3.1.1　航材统计调查的任务与要求

1. 任务

　　航材统计调查阶段的工作有两种情况:一种是对基础资料的搜集,即直接对调查单位的情况进行登记和调查,如年终航材报表中对每一项航材都直接登记;另一种是对已经经过加工的资料进行搜集,如年终航材业务报表。这两种情况的具体目的和方法有所不同,一般讲的统计调查,主要指前者。

2. 要求

　　航材统计调查阶段非常重要。占有资料是航材统计工作的基础,取得的资料完整与否,准确与否,都会直接影响到以后各阶段工作的质量。所以一定要防止在调查阶段发生差错,或者力求及时发现调查中发生的差错,并将它消灭在调查阶段。

　　航材统计调查必须达到准确和及时两个基本要求,做到数字准确、情况明白、反映及时。

　　1) 准确性

　　航材统计调查准确性的要求,是指提供的统计资料必须符合客观实际,真实可靠,不受任何偏见所歪曲和蒙蔽。准确是航材统计调查工作质量的标志。只有依据可靠的调查资料,才能作出正确的判断,得出科学的结论,为做好航材工作作出正确的决策。

2)及时性

航材统计资料及时性的要求,主要是指及时完成各项调查资料的上报任务,以满足上级机关决策的需要。

航材统计调查中的准确和及时是相互结合在一起的,及时离不开准确,而准确又是达到及时的重要途径。在统计调查中必须把准和快有机地结合起来,做到准中求快、快中求准。当然,准和快有时也会有矛盾。在每项调查实践中,要根据具体情况正确处理好准和快的关系,既反对机械求全、绝对求准的片面观点,也反对不顾质量、单纯贪多图快的错误做法。

3.1.2　航材统计调查的种类与方法

1. 种类

航材统计调查从不同的角度,可以有不同的分类方法。

1)统计报表制度和专门组织的调查

航材统计报表是航材系统和各个业务部门为了定期取得系统、全面的基本统计资料,为航材的物资筹措而采用的一种调查方式。目前,航材供应、保管、消耗等基本的统计资料主要是靠航材统计报表取得的。

专门组织调查主要是指为了研究某种情况或某项问题专门组织的调查,包括普查、重点调查、抽样调查。

2)全面调查和非全面调查

全面调查是对调查对象中的全部单位一一加以调查的一种调查方式,如每年一度的航材库存情况普查等。全面调查的主要目的是为了取得有关总体的全面资料。

非全面调查是只就调查对象中的一部分单位进行的调查,如只对应急作战部队建设情况进行的调查,其他部队就无需调查了。

全面调查与非全面调查的划分,主要是以调查对象所包括的单位是否完全来衡量的,并不是从最后取得的资料是否全面来说的。当然,全面调查取得的必定是全面资料。但有些非全面调查,也主要是为了取得反映整体的资料,或者是为了取得反映其基本状况的资料。如抽样调查是非全面调查,但它最终要推算全面资料。为了取得全面资料,究竟用全面调查还是非全面调查,要取决于研究的目的和可能条件。如果为了定期地取得系统的、全面的资料,当然可以采取全面调查,不过它需要人力、物力和时间、经费。如果为了研究某项专题,为了节约人力、物力，又能做到灵活、及时，就宜采用非全面调查。在对航材质量检查时，如带有损坏性的话，只能采取非全面调查，而不能采用全面调查。

3）经常调查和一时调查

经常调查和一时调查是以调查时进行登记的时间连续或不连续来划分的，但实际上调查的连续性与否取决于现象的特征。客观过程中就存在这两种现象：一种是时期现象，它随着时间的发展而连续不断地发生变化，如库存量、库内温湿度等。库存是随时间的推移，有收有发，只要外场在工作，库存就要变化，这要进行连续不断的登记。库内温湿度随着气候的不断变化而变化，这也需要随着现象的不断变化进行登记和观察。这些都是经常调查。经常调查必须以健全的、系统的登记和原始资料为基础。另一种是时点现象，这种现象表现为一定时点上的状态，如2012年9月30日某基层级仓库库存主轮外胎56条，前轮外胎16条，这些数字反映了现象在一定时间上的状态。所谓的一时调查大多是对时点现象所进行的调查，它登记的资料多表示现象在一定时点上的状态。

有时在某一种调查中也可能包含不同性质的现象，如航空轮胎普查，库存情况是时点性，而轮胎的具体消耗情况就属于时期现象。

由于经常调查是连续登记的，因此可以按日、月顺序取得经常需要的资料，也可以取得季度和年度的资料。至于一时调查，由于它所要取得的主要是时点资料，比较稳定，往往隔一段时间或需要时才调查一次。这种调查可以定期举行，也可以不定期举行。一时调查并不是说这种现象只作一次调查，以后就不再调查了，而是要看研究问题的需要，如航材库存普查就可以半年或一年举行一次，有些调查可能隔很长时间才能进行一次。

2. 方法

航材统计调查的方法很多，一般主要包括以下几种。

1）直接观察法

直接观察法是由调查人员或核算人员到现场对调查对象进行直接点数和计量的一种调查方法，如对库存航材的清查。这种方法能够保证航材统计资料的准确，但需要花费大量的人力、物力和时间，而且对历史资料的搜集来说，根本不可能采用此法，只有在特定的条件和场合下进行。

2）报告法

报告法是以各种原始凭证（主要是航材各种登记性凭证）为基础，由调查单位按规定填写调查表并按时上报的一种调查法。现在实行的航材统计报表制度就是属于这种方法。但报告法也需要花费大量的人力和物力，所以航材系统只有在年度汇总时采用。

3）采访法

采访法又包括两种方法。

（1）口头询问法:通常是由航材业务部门派人按照调查项目的要求向被调查者询问,将结果记入表格内,故又称派员法。

（2）被调查者自填法:是由调查人员将调查表格给被调查者自己填写的一种调查方法。

4）通信法

通信法是把要调查的问题,寄给被调查者,请他填好寄回的一种方法。在时间紧迫时,通常用电话联络处理。要使通信法取得好的结果,需要具备以下三个条件。

（1）使被调查者了解调查的意义和意图,启发被调查者与调查者进行合作。

（2）调查的问题一定要很明确,并作出必要的解释,使被调查者易于回答。

（3）调查者应对被调查者按要求提供资料。

3.1.3 航材统计调查的方案

不论采用什么方式进行调查,在开始调查之前,就要进行设计,制定出一个科学、周密的计划或方案,这是统计调查取得成功的基础。调查方案包括以下基本内容。

1. 确定调查目的

在进行调查之前,首先应该明确调查要解决什么问题,否则,应该调查的内容没有列入计划,不需要的反倒调查,就会使整个调查工作陷入盲目性,造成混乱。

调查目的决定了调查对象、内容和方法。例如,调查部队野外修理厂的修理能力,可以有各种目的。一种目的是根据部队修理厂的修理水平,确定需要的设备及航材备件,使其能修理更多的航材;还有根据其修理情况,确定内修还是外修;还可以根据其修理能力以确定航材的申请计划、订货计划。另外一种目的就是根据修理厂的技术状况,提出适当的培训计划,进行业务培训和技术指导;还有根据修理厂修理能力、结构,找出存在的问题,然后根据不同的情况采取不同的解决办法,以提高修理能力。例如,有的修理厂技术状况较好,但由于设备不配套,修理能力很难提高,这样就需要增配适当设备,以解决修理能力的问题。根据调查目的,确定调查对象、内容和方法,对一些关键性的问题,可在具体内容上做具体的规定,找出其中典型的对象进行典型调查。

2. 确定调查对象和调查单位

正确确定调查对象和调查单位,直接影响到调查资料的准确性和完整性。

调查对象实际上是某项调查中被研究的总体。例如,对修理厂修理能力的调查,修理厂就是这项调查中被研究的总体。修理厂所承担的工作内容很多,工作之间又有很多的联系,所以在确定调查对象时,不仅要指明调查谁、调查什么,而且必须掌握它的主要特点,这样才能把调查对象同它有联系的或相似的现象区别开来。

调查单位是构成调查对象的每一个单位。调查对象不同,调查单位也就不同。例如,调查对象是修理厂机加设备保障情况,则每一个修理厂都是一个调查单位;调查对象是修理厂的机加设备,则调查单位便是修理厂的每台机加设备。调查对象的确定只是从大的方面把某项调查的范围或统计的界限明确了,而能不能按照已定的对象进行统计,还需要正确解决调查单位的问题。否则,就不能真正按照已定的调查对象进行统计,结果仍然不能保证统计资料的准确性。

3. 确定调查内容

拟定调查提纲与调查表,以确定调查内容。调查内容包括所要掌握的基本统计数字和基本情况的项目,这些项目一般就是能够说明调查单位基本特征的标志。调查内容通常是用表的形式来表示,所以从形式上说,又把它称为调查表。

调查单位的标志有两类:一类是品质标志;另一类是数量标志。数量标志是说明调查单位的数量特征的,它是一个变量。例如,每个仓库的库存量、每项器材的价格、每项器材收发量等,都是数量标志。这些数量标志具体到特定的调查单位时,都有其不同的、具体的数值,称为标志值。例如器材的价格,具体到1000×300 的航空轮胎外胎可能是 500 元一条,内胎可能是 100 元一条等。品质标志也是用来说明调查单位的特征的,但它不是变量,而是一种有变异的特征。例如,航材的质量是品质标志,它具体到特定的器材上,就有可能出现四种现象:新品、堪用品、待修品、废品。

调查表一般分为一览表与单一表两种。一览表是把许多个调查单位和相应的内容按次序登记在一张表格里的一种统计表,如表 3-1 所列。

表 3-1　某年度飞机副油箱情况报告表

填报单位：　　　　　　　　　　　　　　　　　　　　　　年　月　日

序号	型别	单位	本年度				损耗数/件		上年度		备注
			库存数/件	外场备用数/件	收入数/件	发付数/件	空投	地面	库存数/件	外场备用数/件	

注:外场备用数是指除飞机本身配用一个基数外的多余部分。若有收入数,应在备注中注明交付工厂或部队

单一表是将一个调查单位的调查内容登记在一份表上,如表3-2所列。

表3-2　某型降落伞统计表

填报单位：　　　　　　　　　　　　　　　　　　　　　　　　　年　　月　　日

序号	名称	型号	出厂号码	出厂日期	启用年月	包叠次数	预计更换年月	报废年月	备注
1									
2									
3									
4									
5									
6									
7									

　　长:(签名)　　制表:(签名)

为了保证填报资料的准确性和统一性,在确定调查内容或调查表时应注意下列几个问题。

（1）调查表的内容必须满足汇总表的要求。从调查表设计来说,应先制定汇总表,它的内容直接反映了该项调查的目的和要求。因此,汇总表的内容便成为确定调查内容的基本依据。

（2）调查内容要明确、易懂、避免引起误会和差错。

（3）应只列出必要的、能得到答案的内容。

4. 确定调查时间

调查时间有进行调查的时间、调查期限、调查时点三个时间概念,在调查方案中应分别对其作出明确的规定。

1）调查时间

对有些航材现象的调查,进行调查的时间可以比较固定,但必须根据各种条件来决定进行调查的时间。例如,每年航材消耗量的统计,只能在接近年底任务完成前的很短时间内进行,而航材的年底时间定为9月30日,所以相关数据的统计工作一般在该时点之前较短的时间内完成。

2）调查期限

调查期限指进行调查的起止时间。调查起止时间的确定,主要取决于调查内容的复杂程度,同时也要考虑保证调查资料的时效性。

3）调查时点

只有在被调查的对象是属于时点现象时,才需要确定调查时点。采用什么时点最好,要根据调查对象的特点。例如,要了解航材保障情况是否良好,其时点时间定为当日的 20 点。

5. 确定报表说明

在航材调查的各类报表中内容都很明确,但对有些内容还是应当作出必要的解释和说明,便于统计人员在认识上取得一致,以保证报表填写的准确性。不论是定期的统计报表或专门组织的专项调查,都要有填报说明,包括对分类的解释、对指标的含义和计算方法的说明。对于各类报表说明,必须由制定方案的最高一级机构确定,这样才能保证报表的科学性和统一性。

6. 确定调查组织实施计划

为保证航材统计调查工作的顺利进行,必须有一个严密的组织实施计划。其主要内容包括:确定调查机构、调查步骤、调查的方式与方法、调查人员的组织与培训。另外,还要进行筹集经费以及其他各项准备工作等。

在航材统计调查的过程中,要随时检查调查方案的可行性。要根据调查中发现的新情况和新问题,及时对调查方案进行必要的修改和补充,以适应不断变化的客观情况。

3.1.4 航材统计调查的组织方式

航材统计调查主要有以下一些组织方式:统计报表、普查、重点调查、抽样调查、典型调查等。

1. 航材统计报表

1) 概念

航材统计报表是以原始记录为依据,按照航材工作条令的规定,统一布置,并按照一定的格式、统一的指标项目、统一的报送时间和程序,自下而上地逐级提供统计资料的一种调查方式,它是航材统计调查中取得统计资料的一种重要调查手段。

2) 作用

(1) 航材统计报表是检查航材筹措、供应、管理各种计划执行情况的基本依据。

(2) 航材统计报表是从数量上研究航材工作全过程及其发展规律所不可缺少的依据。

(3) 航材统计报表是指导航材筹措、供应和改善管理的重要工具。

在目前的航材管理体制条件下,航材统计报表虽有很重要的作用,但它要占用大量的人力、物力。特别是它的内容比较固定,而且要经过规定的报送与汇总程序,使资料的取得要花费较长的时间。同时,中间的环节过多,也容易增加调查误差。另外,航材统计报表也不是万能的,并不是所有的资料它都可以取得,有些资料需要其他调查才能取得。因此,不能过高地估计航材统计报表的作用。

3）种类

（1）按调查范围不同,可分为全面统计报表和非全面统计报表。全面统计报表即要求调查对象的每个单位都要填报,非全面统计报表只要求调查对象的一部分单位填报。非全面统计报表一般需要结合重点调查、典型调查和抽样调查来实施。

（2）按报送周期长短的不同,可分为日报、周报、旬报、月报、季报、半年报和年报。航材统计报表在平时主要是月报和年报,在战时主要是日报、周报、旬报、月报、季报。同时,报表报送周期的长短与填报指标的多少有密切关系。若报送周期短,指标项目可以少一些、简单一些;否则,指标项目可以多一些、详细一些。例如,日报周期最短,其内容只限于填报极少量最主要的指标;而年报的周期最长,具有年度总结性质,所以其内容应比较详尽。

（3）按报送方式的不同,可分为邮寄报表和电信报表。电信报表又分为电报、电话、电视传真、计算机网络等方式。采取哪一种方式主要取决于报表内容的详简程度及时效要求。例如,日报、周报,一般采用电信方式报送;月报以上的报表,一般采用邮寄方式报送。

（4）按填报单位不同,可分为基层报表和综合报表。基层报表是由基层单位填报的统计报表,它提供的原始资料是航材统计的基础资料。综合报表是由航材主管部门根据基层报表逐级汇总填报的航材统计报表。

4）基础工作

航材统计报表的最大优点就在于它有可靠的资料依据,最基本的依据就是原始记录。原始记录是航材活动和管理过程的最初记录,如航材的收入、发付、修理的记录等。原始记录不仅是航材统计报表的基础,也是对航材供应保障的经济、军事效益分析的基础,同时对如何做好航材的管理工作也有其重要的意义。

做好航材原始记录工作,需要注意以下三点。

（1）要按照航材统计、会计和业务核算工作的需要建立、健全原始记录。必须注意在记录的范围、内容和计算方法等方面适应这三种核算的要求。

（2）要建立科学的管理制度。科学的、系统的管理制度是建立、健全原始记录的基础。

（3）要有严格的计量制度和完备的计量工具。

除加强原始记录管理外,还需要建立各级、各类航材统计登记账。航材统计登记账是根据航材原始记录逐日逐项地登记航材收入、发付情况的数字资料表册,它可以使零散的原始记录或原始核算的数字资料系统化。航材统计登记账不仅可以成为填报统计报表的直接依据,也是积累历史资料的基本工具。

2. 航材普查

1)普查特点

普查是根据完成某种调查任务的需要而专门组织的一时性全面调查,其特点如下:

(1)普查是专门组织的一时性调查。它是一种不连续的调查登记,调查对象属于时点现象。普查所取得的资料主要是某种航材现象在一定时点上的总数量和总体的各种重要构成情况的资料。例如,航空发动机普查的对象就是航空发动机,航空发动机总体就是时点现象。通过航空发动机普查,最主要的是取得航空发动机的总数、布局结构、各种自然状态布局的各种构成资料。

(2)普查是全面调查。在航材统计报表中有相当一部分内容也是全面调查,但报表并不能代替普查。这主要是因为航材普查是为了满足特定任务的需要而组织的全面调查,往往要求内容多,并要整理出详细的资料。例如,对现有航空发动机的普查所确立的项目一般包括航空发动机型别、号码、生产厂家、出厂日期、翻修次数、使用寿命、使用总时间、剩余寿命、油封状况、在厂情况、使用部队、装机号码、存放地点、配套情况,这些资料经过整理后,就可以得出航空发动机的总数、布局结构等构成资料。

2)普查原则

普查必须集中领导、统一行动,其原则如下。

(1)必须统一规定调查资料所属的标准时点,避免搜集资料因为自然变动或机械变动而产生重复或遗漏现象。

(2)普查范围内的各调查单位应尽可能同时进行调查,并尽可能在最短时间内完成,以便在方法上、步调上取得一致,保证普查资料的真实性和时效性。若是调查时间拖的太长,不仅会影响到汇总分析的时间,而且调查所取得的时点资料也容易发生错误。

(3)调查项目一经统一规定,不能任意改变和增减,以免影响汇总综合,降低资料质量。同一种普查,每次调查项目的规定,也应力求一致。

(4)航材普查工作尽可能按一定周期举行,以便历次普查资料的对比分析。

航材普查是每年的重要工作之一,而且必须在短时间内完成,这就需要全体航材工作人员全力投入,才能取得好的效果。

3)普查的方式和组织

航材普查的方式有以下两种。

(1)从上至下组织专门的普查机构和队伍,对调查单位直接进行登记。

(2)不专门设立统一的组织机构,利用各单位本身的组织系统和平时积累的资料,或结合清仓查库进行调查。

3. 重点调查

重点调查是专门组织的一种非全面调查,就是在所要调查的对象中,只选择一部分重点单位进行的调查。

所谓"重点",就是在统计调查中着眼于现象的量,这些单位的标志总量占总体全部单位标志总量的绝大部分。通过这部分重点单位某种标志总量的掌握,就可以从数量方面说明整个总体在该标志总量方面的基本情况。例如,要了解航空轮胎的消耗情况,只要对若干个重点机场航空轮胎的消耗情况有所了解,就可以达到目的。

重点调查的具体做法可以灵活运用,可在某个时期专门组织一次调查,也可以对重点单位布置报表。

4. 抽样调查

航材抽样调查是按随机原则从航材总体中抽取一定数目的单位(样本)进行调查,根据对这一部分单位的调查结果,从数量上推断总体的一种非全面调查。例如,在航材验收入库时,对定量包装的小件航材的质量、数量鉴定,就是采用随机抽样的方法从这个航材总体中抽取若干包进行检验,查看其质量、数量情况,以此来推断这个航材总体(这项器材)的质量状况和数量准确情况。

在航材工作中,有很多现象是无法进行全面调查的,如感光资料的质量、数量检验、定量包装的(数量较大、经过严格封存)小件航材的数量检查等,就可以采用抽样调查的方法。即使对可以用全面调查的方法进行调查的航材现象,有时用抽样调查也可以节约大量的人力、物力,并可以提高工作效率。

5. 典型调查

1)航材典型调查的概念

航材典型调查就是在被研究的航材对象中有意识地选取若干具有典型意义的或有代表性的单位所进行的调查研究。

航材的典型调查一般可以分为两种:一种是对个别典型单位的调查和研究,即"解剖麻雀"式的典型调查。在这种调查中,只要选出少数几个典型单位就可以了,它的主要目的是用典型单位来说明航材现象的一般情况或航材事物发展的一般规律。另一种是从航材总体中选择一部分典型单位,将这部分单位形成一个航材总体,通过对这个总体的调查,可以从数量上推断总体。由于航材工作有其自身的特点和复杂性,就要求这种推断结果尽可能地准确。因此,这种典型调查通常要采取划类选典的方法进行。

需要注意的是:所选出的典型单位不是个别单位,而是一个总体;在用典型单位组成的总体指标来推断整个总体指标时,这种推断无法计算误差,推断结果只是一个近似值。

2）航材典型调查的作用

航材典型调查的作用就是能以简便易行的办法，收到从数量上用部分推断全体的效果，在要求精度不高的条件下，采用这种典型调查比采用抽样方法效率更高。"解剖麻雀"式的典型调查，它易于深入掌握个别单位的详细情况，以补充报表资料的不足，并可以对从报表数字中发现的问题作出较为深入的说明。

3）典型单位的选择

选好典型单位是做好典型调查的基础，其标准就是被选中的单位要具有充分的代表性。对于不同的典型调查，在选择典型的方法上有一定的差别，这些主要取决于典型调查的目的。

典型单位选择时，典型单位应在航材总体的特征中具有普遍性或代表性，或者典型单位应在同类型单位中具有特殊性。

每种航材调查方式都有其自己的特点和作用。这就要求在航材统计调查中，必须按照调查对象的特点和调查的客观条件，充分运用各种调查方式，发挥各种调查方式的优势，以灵活多样的调查方法，取得所需的各种统计资料。

3.2 航材统计整理

3.2.1 航材统计整理的任务与内容

1. 任务

通过航材统计调查所搜集到的只是一些个别单位的、分散的原始资料。通过这些资料并不能从量的方面认识航材工作中的各种现象和航材事物的规律性，对这些资料还必须按照研究问题的需要或按事先拟定的汇总提纲进行整理。航材统计资料整理的任务就是把搜集到的大量个体单位的原始资料，经过科学的综合、加工，使它系统化，变为能够反映航材总体特征的综合性数字资料。只有在这种能够说明航材总体特征的资料基础上，才能认识航材供应保障全过程及其内在规律。

2. 内容

调查前一般应事先按照拟定的整理纲要的要求设计出整理表，然后再依据整理表来确定调查时要搜集哪些资料、调查后要整理哪些内容。整理表对报表系统来说，就是汇总表或综合表。对专门组织的调查来说，也应该有事先拟定好的综合表。但这种调查如果不是自上而下地有组织有计划地进行的，事先不一定设计了综合表，即使有也不一定很周密。因此，整理的内容，往往经常要根据搜集到的资料情况决定。例如,对资料如何选择、如何分组,都可能需要根据具体情况研究决定,并在综合过程中对整理表进行修正。

因此,整理表或综合表都应在调查之前就设计好。只有这样才能拟定出调查表来,即明确应该调查哪些单位、调查什么。然后,通过统计整理把调查表中的资料整理到综合表中。从这里可以看出,航材统计整理阶段最主要的工作内容,并不是在整理工作开始以后才进行,而是在调查工作开始之前,即在统计设计阶段就应做好。

整理表或综合表的基本内容包括两部分:一部分是分组,另一部分是相应的航材统计指标,如表3-3所列。其中,甲栏就是分组,其他各栏皆为指标。

表3-3　整理表

数值/区分　分类		上年底库存数		本年收入数		本年发付数		本年底库存数		备注
		项数	金额/元	项数	金额/元	项数	金额/元	项数	金额/元	
	（甲）	①		②		③		④		
正常周转航材	飞机备件									
	发动机备件									
	仪表备件									
	电气备件									
	电子备件									
	航空照相及救生备件									
	四站备件									
	物资、军工产品									
	小计									

注:项数 ④≤①+②　④≥①-③　金额 ④=①+②-③

统计整理是根据整理表的要求进行的,这个阶段的工作主要有以下几个方面。

（1）对调查来的资料进行审核。

（2）按照整理表的要求进行分组或分类。

（3）对各单位的指标进行汇总和必要的加工计算。

（4）编制出统计表,这是统计整理的成果。

航材统计资料的整理在整个航材统计工作过程中处于承先启后的地位。它的重要性不仅在于把航材个体单位的特征综合为航材总体特征,更重要的还在于对调查资料按照科学的原则和方法进行整理。整理出的资料能否如实反映客观情况,决定着该统计资料的科学价值,直接影响着航材统计分析的结论。统计整理的首要问题是航材统计分组的方法或分类的方法是否科学,是否能反映航材现象的客观过程。此外,就是综合的结果是否准确。综合的结果不准确主要是由两个方面引起:一方面是被整理的资料不完整、不准确,以及整理时粗心大意;另一方面就是离开了实事求是的原则,对被综合的资料进行了任意篡改。

3. 调查资料的审核

为了保证航材统计资料的质量,在航材统计整理前,应该对调查资料进行严格的审核。审核的内容主要是调查资料的完整性和准确性。

调查资料的完整性审核包括:

(1) 应该包括的调查单位是否都包括了。

(2) 对调查表的要求是否都有回答。

调查资料的准确性审核包括:

(1) 逻辑检查。就是检查调查表的答案是否有道理,是否符合实际。例如,在表 3-3 中,本年年底库存数等于或小于上年年底库存数+本年收入数,但又必须大于或等于上年年底库存数-本年发付数,对于项数来讲是对的,但对于金额来讲,则是本年年底库存数等于上年年底库存数+本年收入数-本年发付数,其他的结论都是错误的。因为对于项数的收入和发付都有可能是同一项器材。例如,收入 10 项器材中,有 7 项原来有库存,在实际中项数只增加了 3 项,也可能收入的 10 项器材原来无库存,在实际中项数只增加了 10 项。又如,在发付的 10 项器材中,发付后仍有库存,在实际计算中,库存项数并未减少。这就是一个逻辑性的问题,是否合乎逻辑,可以看出答案的准确与否。

(2) 计算检查。检查各项数字的合计数以及各项指标的计算方法是否正确。

(3) 数字平衡关系检查。在一张统计报表中,如果其数字关系不平衡,其中一定有错误。但有时各项数字之间虽然平衡了,但数字并不一定都准确,在这种情况下就需要实际经验才能看出问题。

(4) 遵守随机原则。对于从抽样调查得来的资料,首先要注意样本的抽取是否遵守了随机原则。例如,有的调查单位原来是按随机原则抽取的,但后来任意调换了单位,这就违反了随机原则,调查资料也就失去了应有的科学价值。

3.2.2　航材统计分组

1. 航材统计分组的概念

航材统计分组是根据航材总体内在的特点和航材统计研究的要求,按照一个或几个重要标志,把航材总体单位划分为不同性质的若干组成部分的一种统计方法。航材统计分组的目的就是把同质总体内具有不同性质的单位分开,把相同性质的单位集合在一起,保持各组内统计资料的一致性和组与组之间资料的差异性,以便能够更好地从数量方面研究各种航材现象内部的关系,弄清航材总体的特征和规律性。例如,在研究航材库存和消耗的比例关系时,只有通过计算它们各自的数量,并从这些数据中进一步分析它们之间关系的规律性,才能确保"以消定储",既保证了作战、训练的正常需要,又防止了器材的超储积压,从而提高航材供应保障的经济效益和军事效益。

航材统计分组是航材统计的基本方法之一,在整个航材统计研究中具有重要的意义,在航材统计资料的整理中具有举足轻重的作用。在保证调查资料质量的前提下,航材统计分组的正确与否是决定整个航材统计研究成败的关键。整理得不正确、不中肯的统计资料,会给航材统计分析造成很不利的局面,甚至会使航材统计分析导致错误的结论。

2. 航材统计分组的作用

1）区别和分析航材事物的过程

航材现象是具有很多类型的,不同类型的航材现象有着不同特点和不同的发展规律。航材统计分组的根本作用就是把具有不同质的航材现象进行区分,将同类的航材现象聚集在一起,结合为同一类别或群体,从中找出其本质特征。航材统计分组实际上就是把航材现象的总体划分为不同的类型,从其复杂的现象中找出规律性的东西。

例如,某年某后方仓库库存航材计价挂账总表中所提取的有关"正常周转航材、战储航材和航材专用装备"消耗情况如表3-4所列。该表反映了不同类型航材的消耗情况。这些资料是通过分组来区分库存航材中正常周转航材、战储航材和航材专用装备消耗总量的差别,同时,在此基础上揭示了三者在消耗中所占的比例,通过分析找出某年航材消耗的规律。

表 3-4　航材消耗情况表

航材类型	消耗项数	比例/%	消耗金额/元	比例/%
正常周转航材	1308	83.7	2242026	66.5
战储航材	240	15.4	10429	0.3
航材专用装备	14	0.9	1119040	33.2
合计	1562	100	3371495	100

2）区别航材现象总体的内部结构和类型

在航材消耗分析中可以用分组的方法,更详尽地反映不同类型航材消耗情况。以某年某单位库存航材计价挂账总表中所提取的有关"正常周转航材"情况为例,如表3-5所列。

表 3-5　库存航材计价挂账总表

分类		上年底库存数		本年收入数		本年发付数		本年底库存数		备注
		项数	金额/元	项数	金额/元	项数	金额/元	项数	金额/元	
正常周转航材	飞机备件					348	623715			
	发动机备件					57	134382			
	仪表备件					72	119798			
	电气备件					104	232290			
	电子备件					85	184484			
	航空照相及救生备件					57	365476			
	四站备件					288	252749			
	物资、军工产品					297	329132			
	小计					1308	2242026			

航材现象总体的内部结构反映了总体内部各部分之间存在的差别和相互关系,它也需要通过统计分组才能揭示出来,也只有在分组的基础上,才能从数量方面计算各部分在航材现象总体中所占的比例,从而展现出航材现象总体的特征或结构类型。

3)分析现象之间的依存关系

在航材供应保障中,各种现象存在着广泛的联系和制约关系。但在现象之间发生联系的程度,在不同情况下也各不相同。关系比较紧密的一种联系就是现象之间的依存关系。

例如,美军航空兵为取得良好的军事和经济效益,在平时,规定和保持适当的军事效益指标,尽量节约经费,使军事、经济效益整体最佳;在战时,则努力提高军事效益指标,以保证军事斗争的胜利。美军航空兵在海湾战争中和平时的飞机良好率及经费投入情况如表 3-6 所列,对其四项效益指标(平时和战时)的

表 3-6　美军航空兵主要战斗机四项数据统计表

条件	飞机良好率/%			飞机出动架次/次			飞机留空时间/h			单位小时费用/(美元/h)
	均值	峰值	范围	均值	峰值	范围	均值	峰值	范围	
战时	92.5	95.5	95.8~95.5	3.8	47.5	29.7~47.5	3.8	5.32	2.37~5.32	1160 左右(A-10)
平时	85.3	90.4	80.4~90.4	1.8	22.5	14.2~22.5	1.5	1.68	1.34~1.68	600 左右(A-10)
备注	此表战时数据为阿富汗战争的数据									

分析得出,战时飞机良好率比平时提高 7.2 个百分点,但投入的经费却是平时的 2 倍。从这里可以看出,较高的飞机良好率是靠大量的经费投入所取得的,从中不难看出经费与良好率之间存在着一定的依存关系。

3. 航材现象分组标志的选择

分组标志就是分组的依据。分组标志选择恰当与否直接影响到分组的作用,影响到分组的效果。为了正确地选择分组标志,需要考虑以下几点。

1)根据研究问题的目的选择分组标志

航材总体中的任何一个统计对象,都有许多特征(标志)。如库存航材计价挂账统计报告表中有正常周转航材、战储航材、航材专用装备等,更具体的则有飞机备件、发动机备件、仪表备件、电气备件、电子备件、航空照相及救生备件、四站备件等。在每类器材中又有具体的上年底库存数、本年收入数、本年发付数、本年底库存数及其项数和金额。尽管它们是不同的数值指标,但这些都反映了航材的库存总体水平和收入、消耗状况。用这类数值指标分组时,应采用那一种数值作为分组标志,就要取决于研究的目的。因为,不同的数值指标有着不同的意义和用途。不管研究什么问题,千篇一律地按某种指标分组而忽视其他同类指标在一定条件下的作用,是不会取得满意的结果的。

2)将具有本质意义的主要标志作为分组的依据

在若干标志中,要抓住具有本质性的主要标志作为分组的依据。因为在相同的目的下,还有对标志选择的问题。在航材总体的若干标志中,有的是带有根本性的、本质性的或主要的,有的则是非本质的、次要的。如果为了研究库存结构状况,按上年底库存数和本年底库存数分组则是最基本的分组。为了研究消耗规律,则需要按本年发付数进行分组。在选择分组标志时一定要注意避免选用一些形式的、不触及问题实质的标志去代替那些能说明问题本质的标志。

3)要注意航材现象所处的具体条件和位置

因为在若干个可供选择的航材标志中,衡量哪一两个是本质的或主要的,往往离不开被研究的航材现象所处的具体条件和具体位置。在航材的消耗中,为研究轮胎消耗与保障起落之间的关系,就需要按不同的机种进行分组。但反映不同机种消耗轮胎状况的标志很多,如道面质量差的机场、道面质量好的机场、夏季、冬季、南方、北方、飞行员的技术水平等。如果要研究保障的中等水平状况,则应选择道面质量较好的机场、飞行员技术水平适中、南方、秋季所产生的数值标志较为恰当。如果要研究保障的较高水平,则应选择道面质量较好的机场、飞行员技术较高、北方、秋季所产生的数值标志。

4. 分组方法

分组的方法很多,主要有简单分组、复合分组、按品质标志分组、按数量标志分组等。

1）简单分组

简单分组就是将被研究的对象只按一个标志进行分组。例如,航材按照专业可以分为机械、特设、四站、物资四组,按照供应范围分为以下八组。

（1）飞机维护、换季和定期工作所需的器材。

（2）部队修理厂对飞机及其部件修理所需器材、备件。

（3）保伞室、高空房供空勤人员使用的航空救生装备和装具以及维护所需设备和器材。

（4）航空照相、暗室、判读设备及其器材。

（5）四站装设备及其维护器材。

（6）航材仓库保管维护航材所需设备及其器材。

（7）航空院校供教学实习用的飞机所需器材。

（8）飞机维修所需的物资、军工产品等。

2）复合分组

复合分组就是用两个或两个以上的标志按顺序连续分组。先按一个标志分组,然后再按另一个标志将已分好的各个组又划分为若干个小组。

例如,将保障的机种、机型进行复合分组。这样划分的结果就形成了几层错综重叠的组别。这种分组有助于较全面、深入地分析问题,但要注意以下两点。

（1）复合分组随着分组标志的增加,所分出的组数也不断成倍增加,这样,反而不易看出问题。因此,复合分组的标志不能过多。

（2）只有在航材总体包括的单位很多的条件下,才适合采用复合分组。因为随着分组标志的增多,必然使总体单位在各组的分配愈分愈散,各组的单位也愈分愈少,结果破坏了"大量"的原则,无法从分组资料中看出问题。

3）按品质标志分组

按品质标志分组就是按对象的性质和空间的特征进行分组,其中也存在简单分组和复合分组。简单分组是按一个品质标志进行分组,对总体只划分一次,每个组不再细分。按品质标志进行复合分组比较复杂,主要是航材现象本身引起的,它不能只用一个标志,而且划分的结果必然形成一种复杂的类别,这种分组在航材统计中称为分类。

在航材统计的实践中,应用的分类是很多的。由于统计的数目较多,名称、计量单位也都不一样,为了在航材系统范围内使统计的名称、规格、件号、计量单位统一,需要制定统一的航材分类目录。航材目录就是按品质标志来分组的,即根据航材的性质、用途、航空制造工厂有关航材规格件号的编排规律和国家有关部门物资分类的规定,结合航材部门内部业务分工和保管经验,进行分类;然后,每类航材根据其性质和用途又有所不同,所以在每一类之下又分为若干组。

4)按数量标志分组

按数量标志分组就是按表现总体数量特征的标志所进行的分组,如每副轮胎保障飞行起落的次数、各机种年平均消耗油漆的数量等。

3.2.3 变量数列

1. 变量数列

将航材总体按照某种数量标志分组,将分组后形成的各个变量值(标志值)按其大小顺序排列起来,就形成了变量数列。

以某中继级航材保障部门所属 20 个基层级仓库某月航材保障良好率分组资料为例,如表 3-7 所列。

表 3-7 航材良好率统计表

良好率/%	仓库数/个	占仓库总数的频率/%
不足 80	1	5
80~不足 85	2	10
85~不足 90	12	60
90~不足 95	4	20
95 以上的	1	5
合计	20	100

变量数列由两部分组成:一是由变量值所形成的各个组;二是航材总体在各个组的分配次数。次数的相对数形式又称为频率,分配次数的频率的总和为 1,即所有的各组频数占航材总体单位比例的和·定是 100%。

从表 3-7 中可以看出,变量数列是一种典型的分配数列,用于表明航材总体单位在各组的分配趋势或分配特点。

变量数列是一种区别数量差别的分组数列,反映了航材总体在一定时间上的量变状态或量变过程。但从量的差别中也可以反映质的特点或质的差别。如表 3-7 中第二组的上限(不足 85%)与第三组的下限(85%)之间就不仅有量的差别,而且也有质的差别。假设将良好率指标定 85% 以上,则第二组没有完成计划指标,而第三组已完成了计划指标。

2. 变量数列的种类

1)单项变量数列

数列中的每个组值只用一个变量值来表示的称为单项变量数列,如表 3-8所列。

51

表 3-8　某单位 50 个机组消耗某种灯泡的分组资料

消耗灯泡数/个	机组数/个	比例/%
50	1	2
51	3	6
52	4	8
53	5	10
54	9	18
55	10	20
56	8	16
57	6	12
58	3	6
59	1	2
合计	50	100

　　单项变量数列一般在变量的变异幅度不太大的情况下采用,上表中最小的组值为 50,最大的组值为 59,其变动幅度为 50~59。

　　2) 组距数列

　　单项变量数列的应用有一定的限制。如果变量变异范围很大,变量值很多,则单项变量数列的组数就会太多,不便于分析问题,这就需要采用组距数列。组距数列不是在变量数列中用一个变量值代表一个组,而是由一个表示一定变动范围或表示一定距离的两个变量值形成一个组。由这些组及所含的单位数组成的变量数列,即为组距数列,如表 3-9 所列。

表 3-9　某单位轮胎按保障飞行起落分组资料表

保障起落数/轮胎/副	机组数/个
10~15	1
15~20	3
20~25	14
25~30	35
30~35	40
35~40	27
合计	100

　　(1) 组距。组距是指组距数列中各组变量值从小到大的距离,即各组标志值变动的区间长度。根据组是否相等,分为等距数列和不等距数列。如表 3-9 中,它的组距都是 5 副,称为等距数列。如果它的组距有的是 5,有的是 10,则称

为不等距数列。

（2）组限。组距数列中,各组变量值的极限值称为组限,是组与组之间的界限。其中,各组的最小变量值称为下限,最大变量值称为上限。

根据组限的性质不同,其表现形式有以下两种:间断式组限和连续式组限。组限不相连,相邻两组之间界限明确,为间断式组限;而相邻两组的组限相连并且有重叠,某一个数值可作为两组共同的界限,即为连续性组限。

对于某一组变量值,若同时具有上限与下限,称为闭口组;若仅有上限或下限称为开口组。一般情况下,尽量用闭口式组限。

（3）组中值。组距数列中每一组上限与下限之和的中点称为组中值。其计算公式为

$$组中值 = \frac{下限 + 上限}{2} \tag{3-1}$$

各组的组中值代表了该组变量值的平均水平,也就是该组变量值的代表值。它以各组内变量值均匀变动作为假定的先决条件,而实际上这是不太可能的。因此,在划分组限时,应考虑使各组内变量值的分布尽量满足这一要求,以减少用组中值代表各组变量值一般水平所造成的误差。

开口式组限需要借用临近组的组距,即假定组距内数值变化范围与相邻组是一样的,其组中值计算公式为

$$缺上限的开口组组中值 = 下限 + \frac{临近组距}{2} \tag{3-2}$$

$$缺下限的开口组组中值 = 上限 - \frac{临近组距}{2} \tag{3-3}$$

3. 次数分配

1）累积次数

在一般变量数列中,研究人员只知道某个变量组出现的次数或者说在某个变量组中包含若干总体单位数,而不知道截至某一个组的总次数（累积次数）有多少,或者说从数列的头或尾算起截至某个组的总体单位数共有多少。对于这一点,对于研究人员研究或应用变量数列进行某种计算是不可缺少的。

计算累计次数的方法有两种:一种叫较小制累积,另一种叫较大制累积。较小制累积是从最小一组的次数起逐项累计,每组的累积次数表示小于该组上限（变量）值的次数共有多少。较大制累积是从最大一组的次数起逐项累计,每组的累积次数表示大于该组下限（变量）值的次数共有多少。下面以油漆的消耗统计为例,油漆使用累积次数如表3-10所列。

表 3-10　油漆使用累计次数表

价格 x/元	油漆 f/种	种类数累计/种	
		较小制累积	较大制累积
5.32	2	2	40
6	4	6	38
6.9	5	11	34
7	12	23	29
8.12	10	33	17
8.52	5	38	7
9	2	40	2
合计	40	—	—

人们可以根据累积次数表的资料绘制累积次数图。累积次数图可以按较小制累积和较大制累积分别绘图,也可以集中在一个图上绘制。

累积次数图的作用有以下几点。

(1) 可以表明航材变量在某个数值以下或以上的次数共有多少。

(2) 可以来比较两个或两个以上的累积次数的分配状况。几条简单次数曲线画在一个图上比较时容易重叠,而几条累积次数曲线画在一个图上,不大容易重叠。

(3) 可以从图上表明中位数等数值的近似值。

累积次数图的绘制方法比较简单,较小制累积次数曲线以各组上限为横坐标,较大累积次数曲线以各组下限为横坐标,两者皆以累积次数为纵坐标。两线绘在一个图上时,可相交成 X 形。油漆累计分布如图 3-1 所示。

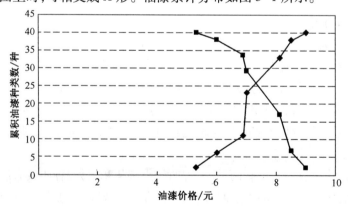

图 3-1　油漆价格累计分布图

2) 次数分布的主要类型

在航材供应保障的整个过程中,由于不同性质的航材总体所反映的现象不同,都有着各自的次数分布情况,比较常见的有以下三种。

(1)正态分布。正态分布的特征是"中间大,两头小",即靠近中间的变量值分布的次数较多,靠近两端的变量值分布次数较少。

航材事物现象中很多属于正态分布,如航材消耗定额、各单位的航材保障良好率、外场单机航材需要量等。

(2)U形分布。U形分布也称浴盆曲线,其特征是:靠近中间的变量值分布的次数少,靠近两端的变量值分布的次数多,形成"两头大,中间小"的分布特征。飞机从装备部队到退出现役全过程的航材消耗情况就属U形分布。U形分布曲线表明新型飞机刚装备部队时器材消耗量比较大,经过一段时间后器材消耗量急剧下降,逐渐趋于稳定。但随着时间的推移,飞机逐渐走向老龄化并将退出现役,这时器材消耗量又将急剧增加。这种分布的曲线,其中间部分占据了整个曲线的绝大部分。

(3)J形分布。J形分布的特征是"一边小,一边大",即大部分变量值集中在某一端,它有正J形曲线和反J形曲线两种。前者表明次数随变量值的增大而增大,后者表明次数随变量值的减小而减小,如航材经费的投入与良好率的关系等。

次数分布的类型主要取决于航材事物现象本身的性质,编制次数的分配数列和图形时可能会因航材总体所处的客观条件不同而有所不同,但其形态一般符合其现象相应的分布特征。

4. 变量数列编制

1)确定最大值、最小值和全距

编制变量数列时应先将原始资料按数值大小的顺序进行排列,然后再确定最大值、最小值和全距。

例如,某单位50个机组平均消耗某种灯泡的数据如表3-11所列。

表3-11 50个机组消耗某种灯泡的数据

序号	1	2	3	4	5	6	7	8	9	10
消耗数/件	54	50	51	56	58	53	55	56	54	51
序号	11	12	13	14	15	16	17	18	19	20
消耗数/件	52	55	58	55	57	55	52	53	55	54
序号	21	22	23	24	25	26	27	28	29	30
消耗数/件	52	56	59	58	56	55	57	51	52	53
序号	31	32	33	34	35	36	37	38	39	40
消耗数/件	54	57	53	55	53	54	56	54	54	55
序号	41	42	43	44	45	46	47	48	49	50
消耗数/件	54	55	56	55	54	55	56	57	56	57

首先,把上述原始资料按数值大小进行排列,如下所示:

50 51 51 51 52 52 52 52 53 53
53 53 53 54 54 54 54 54 54 54
54 54 55 55 55 55 55 55 55 55
55 55 56 56 56 56 56 56 56 56
57 57 57 57 57 57 58 58 58 59

然后,就可以确定其最大与最小值及全距了。先观察已排序的数列,可以发现消耗灯泡大多集中在54~56之间,其变动幅度在50~59之间,那么可知其全距为59-50=9。

2) 确定组数和组距

组数的多少和组距的大小互为制约,组数与组距的确定,从原则上讲,应该力求符合现象的实际情况,能够将航材总体分布的特点充分反映出来。

组数和组距先确定哪一个,应在了解原始资料的分布集中趋势的基础上,对二者进行综合考虑。一般在实际操作中,把组距先确定下来更为重要。确定组距的依据主要有以下几点。

（1）应将航材总体分布的特点显示出来。

（2）要充分考虑原始资料分配的集中程度或集中趋势,以及整个分布情况。

（3）要考虑所研究航材现象的实际情况。例如,要了解所研究问题的具体时间和地点,各种航材在一定时期可能的消耗情况等。

（4）要考虑组距的同质性。

组距有不等距数列和等距数列之分,采用什么样的组距,主要取决于航材现象的特点和所研究的目的。一般情况下,比较常用的是等距数列,它具有以下优点。

（1）便于直接比较各组次数。

（2）便于制图,而且等距数列次数分配图也便于表示次数分配的实况。

在确定了消耗灯泡的最小值、最大值和全距后,如果设定组距为2,则在等组距的条件下,以全距除以组距即为组数,即9/2=4.5。因此,其变量数列可设5组,如表3-12所列。

表3-12 50个机组消耗灯泡情况分组表

消耗灯泡数/个	机组数/个	比例/%
50~51	4	8
52~53	9	18
54~55	19	38
56~57	14	28
58~59	4	8
合计	50	100

3.2.4 航材统计资料整理与统计表

1. 航材统计资料整理

1）资料整理的作用

航材统计资料是对航材事物的发生和发展全过程的数量方面的记录。应当看到,现实的航材统计资料和历史的航材统计资料同样都具有重要的作用,二者缺一不可。现实航材的发展过程可以说是历史过程的延续,没有历史的资料为依据,往往不能深入地说明现实。因此,整理和积累航材历史上的统计资料是不可忽视的一项重要的统计工作。其作用主要有以下几个方面。

（1）航材历史资料是研究航材事物发展规律、总结历史经验、制定长期规划的重要依据。

（2）掌握和研究航材历史统计资料和数据,能够更好地指导和改进航材管理工作。

（3）航材历史资料是编制航材统计资料汇编的基础。

2）资料整理的形式

航材统计资料整理形式,主要有两种:一种是逐级整理(逐级汇总),另一种是集中整理(集中汇总)。

逐级整理就是将从基层取得的调查资料自下而上,由基层级向中继级逐级地将本系统范围内的资料汇总起来。逐级汇总有以下两个优点。

（1）它可以就地及时检查和更正初步汇总资料或原始资料的差错,并及时纠正,以提高汇总资料的质量。

（2）它既可以满足上级统计机关和业务机关主管部门的要求,又可满足本级统计部门和业务部门的需要。

集中整理就是把全部资料集中在一个机关或部门进行一次汇总,或者是集中在最高统计机关进行一次汇总。对于十分重要的或要求时效性极高的调查,往往采用这种汇总方法。例如,基地级航材保障部门年度航材汇总。这种方式的最大优点是时效性高,而且适于应用电子计算机汇总,准确性也高。但是如果基层资料整理不好,也会影响整个汇总的质量。

另外,也可以将上述两种方法结合使用,对一些各单位和各级都需要的资料进行逐级汇总,对加工后的资料进行集中汇总。这种汇总的方式一般称为综合汇总。

3）统计资料的汇总

航材汇总技术主要可分为两种:手工汇总和计算机汇总。

（1）手工汇总。手工汇总是在航材统计工作中普遍采用的一种方式,主要有以下几种方法。

一是画记法。就是用点线符号(通常用正字)计算组和总体的单位数,按事先分好的组作整理表,进行画记和总计。在航材总体单位资料不太多的情况下,适于采用画记法。

二是过录法。就是将调查资料先过录到事先设计好的整理表上,并作出各种合计数;然后,再将其结果填写在综合统计表上。采用这种方法时,事先设计的整理表必须与综合统计表在内容上取得一致。过录法的优点是汇总的内容比较全面,但工作量比较大,且要在总体单位不太多的情况下才宜采用。

三是折叠法。就是将所有的调查表需要汇总的项目及其数值全部折在边上,一张接一张地叠在一起直接加总。折叠法简便易行,航材报表汇总常用此法。但汇总时必须细致,如发生错误,就可能从头返工。

四是卡片法。卡片法是汇总大量单位数据时的一种科学的方法。一个调查单位一张卡片,并将每张调查表上的内容摘录到每张卡片上。它既便于分组,也便于计值。在对卡片进行分组后,要进行编号,然后进行摘录,按组号进行分组并计数和汇总。

(2)计算机汇总。利用计算机技术和网络通信系统建立"计算机汇总中心",集中对航材统计资料进行汇总。目前,计算机技术在航材统计汇总中已得到广泛和普遍的应用,它进一步地提高了航材统计汇总工作的时效性和准确性。

2. 航材统计表

1)航材统计表的作用

航材统计表是表现航材统计资料的一种形式。大量调查资料经过统计整理,将资料系统化,形成一种统计数列并填报在相应的表格内,便形成了航材统计表。

航材统计表的作用主要有以下几点。

(1)它能使航材统计资料条理化,更清晰地表述航材统计资料的内容。

(2)采用航材统计表格表述航材统计资料比用叙述的方法表述航材统计资料简明易懂,并可节省大量的篇幅。

(3)航材统计表便于比较各项目(指标)之间的关系,而且也便于计算。

(4)利用航材统计表易于检查航材统计数字的完整性和准确性。

2)航材统计表的结构

(1)从内容上看,航材统计表主要包括两个部分:一部分是总体及其分组,通常称为统计表的主词;另一部分就是说明总体的航材统计指标,一般称为宾词。此外,还有相应的计量单位。

(2)从组成要素上看,航材统计表主要由以下几个部分组成。

①标题:就是航材统计表的名称,位于表的顶端中央。

② 标目:就是指总体名称或分类名称及说明总体的各种项目,标目包括纵标目和横标目。

③ 纵、横栏组成的表格及表中数字。

④ 必要的附注和注明资料来源。

航材统计表的结构如表 3-13 所列。

表 3-13 库存航材计价挂账总表

数值 区分 分类		上年底库存数		本年收入数		本年发付数		本年底库存数	
		项数	金额/元	项数	金额/元	项数	金额/元	项数	金额/元
正常周转航材	飞机备件								
	发动机备件								
	仪表备件								
	电气备件								
	电子备件								
	照相及救生备件								
	四站备件								
	物资								
	小计								

（总标题、上基线、纵标目、横栏标题横标目、数字资料、下基线）

航材统计表中的标题是"库存航材计价挂账"。横标目是对航材总体进行分组,即主词。纵标目是反映航材总体规模和说明航材总体数量特征的统计指标,即宾词指标。通常航材统计表的主词列在横标目的位置,宾词列在纵标目的位置。但有时为了更好地编排表的内容,二者可以互换位置。

3) 航材统计表的种类

（1）按用途不同分类。

按用途不同分可为调查表、整理表或汇总表、计算表。

调查表是登记调查单位特征的统计表,严格地讲,调查表不应视为航材统计表,因为航材统计表是对大量单位特征综合的结果。调查表所登记的一系列特征,如消耗数量、收入情况,则是个体单位的特征。但航材的消耗量、收入量,又可以说是一个航材总体。正因为这样,可以把一个基层级仓库也看作一级汇总单位。另外,登记调查的本身实际也是航材统计过程的一部分。因此,也可以把调查表看作一种统计表。

整理表或汇总表是一种标准的统计表,可以是对调查资料直接整理的结果,也可以是对已加工过的资料进行整理的结果。这种航材统计表主要用于为航材上级业务部门或领导机关决策分析提供资料。

计算表是在一般航材统计表的基础上，记载计算过程和结果的统计表。

（2）按表的总体分组情况分类

按表的总体分组情况可分为简单表、分组表、复合表。

简单表是对所反映的对象未做任何分组的统计表。这种表只是总体单位的简单排列，具有一览表的性质，如表3-14所列。

表3-14　某型降落伞统计表

填报单位：　　　　　　　　　　　　　　　　　　　　　　　　　　　　　　年　月

序号	名称	型号	出厂号码	出厂日期	启用年月	包叠次数	预计更换年月	报废年月	备注
1	降落伞	××	810807	11.03.17	14.08	22	19.08	19.09	
2									
长：×××（签名）　　制表：×××（签名）									

分组表是按某个航材标志分组的统计表，如表3-2所列。

复合表是由复合分组组成的统计表，它可以更有条理地、清晰地显示复合分组的关系和作用，表3-13就是一种复合分组的统计表。

4）编制航材统计表的注意事项

（1）设计航材统计表时，首先要根据统计表要列入的内容（主要是航材分组和航材指标的情况）通盘考虑统计表的布局，使分组和指标的按排明了、易懂。

（2）统计表的总标题和各栏标目都要简明扼要，并能准确反映所要表达的内容。

（3）纵横栏的排列要尽量反映出内容方面的逻辑关系。

（4）表的各栏要有明确的数字编号，如（1）、（2）、（3）等，注明计量单位和统计的时间。

3. 航材统计表的重要应用——航材消耗周转定额统计分析表

航材消耗周转定额的统计分析表实际上是航材统计表中的计算表，是围绕消耗周转定额的测算主题而设计的，如表3-15所列。其中，历年装备实力是指每年实际的飞机架数，单机飞行小时是指每年一架飞机平均的飞行时间，年计划任务量包括该机型现有的装备实力和年计划飞行时间两个信息，修理周期是根据送修数据统计的平均修理周期，历年故障数或消耗数要求成件应根据机务大队质控室的故障数据统计其故障数、零件应根据航材股的业务数据统计其消耗数，未来3年到寿数是根据装机器材寿命数据统计的，故障和到寿周转数以及消耗周转定额是根据以上统计数据计算出来的，所用的数学模型详见第7章航材申请决策。作者一般通过运行利用VBA程序语言编写的模型算法程序实现定额测算。因此，航材消耗周转定额统计分析表是一个融合了面向定额制定这个主题的统计数据和数学模型算法程序的计算表。

表 3-15 航材消耗周转定额统计分析表

××（单位）××（机型）飞机航材消耗周转定额统计分析表

ID	类别	组别	序号	名称	型号	单位	单价	有寿件	可修件	消耗件

年度/年

任务情况	历年任务情况										年计划任务量
	2005	2006	2007	2008	2009	2010	2011	2012	2013	2014	
装备实力											
单机飞行小时											
修理周期/天											
单机安装数											

历年故障数或消耗数										未来3年到寿数			故障周转数	到寿周转数	消耗周转定额	备注
2005	2006	2007	2008	2009	2010	2011	2012	2013	2014	2015	2016	2017				

第4章
航材统计分析

4.1 航材统计中的动态数列分析

4.1.1 动态数列分析

1. 动态数列种类

航材在筹措、供应和管理中,随着时间的推移和各种任务的执行,始终处于不断变化的运动过程中。这就要求航材工作人员,不但要从静态上观察和分析问题,而且还要从动态上进行观察和分析问题,以便进一步掌握和了解航材在筹措、供应、管理中的发展情况及其规律性。所谓动态,是指事物在时间上的发展变化状态。动态数列,就是表明航材供应中的具体现象在时间上发展变化的一系列统计指标按时间先后顺序加以排列所组成的数列,所以又称为时间数列。本章主要介绍动态数列分析和动态数列分析指标。

动态数列按其所排列指标不同,分为绝对数动态数列、相对数动态数列和平均数动态数列三种。其中,绝对数动态数列是最基本的数列,相对数动态数列和平均数动态数列则是从绝对数时间数列派生而得的数列。

1)绝对数动态数列

绝对数动态数列是由绝对指标组成的动态数列,又分为时期数列和时点数列两种。在时期数列中,每个时期的航材统计指标都是一定时期的绝对数,都反映航材事物在该时期的总量,如航空发动机月份报表,就反映了每月航空发动机的各类情况的总量。2006—2011年某基层级仓库某型飞机备件器材收入情况就是时期数列,如表4-1所列。

表4-1 2006—2011年某基层级仓库某型飞机备件器材收入统计表

年度/年	2006	2007	2008	2009	2010	2011
航材收入项数	59	44	42	66	70	82

在时期数列中,每个指标所涉及的时间长度称为"时期",它可以是几年、一年、一月、一周、一日、一小时或者更短的时间。两个相邻时间的间距,称为"距离",距离可与时期的长度相等,也可以不等。例如,正常的良好率资料是按月编制,时期是一个月,距离也是一个月,两者一致。但是,如果所保障的单位临时转场轮训,由其他保障部门进行保障,就使其资料不能连续而出现间断,那么其距离就会大于一个月。如果转训一个月,距离就是两个月,如果转训两个月,则距离就是三个月了,时间与距离就不一致。但应当注意,在一个时期数列中,应尽可能保持距离相等,并且也与时期长度相等,这样才便于分析研究。

在时点数列中,每个航材统计指标所反映的都是某种变化中的航材事物在一瞬间所达到的水平。例如,在计算航材保障良好率时,当日的良好率情况是以当日20点为准。也就是说,在20点的最后一分钟,因器材停飞飞机所需器材解决了,就算为航材保障良好;否则,就算为航材保障不良好。又如,2008年某项航材仓库库存航材计价挂账统计报告表中的"库存航材计价挂账总表"中的指标是9月30日20点时的时点数列,如表4-2所列。

表4-2　2008年某项航材仓库库存航材计价挂账总表

区分 数值 分类		上年底库存数		本年收入数		本年发付数		本年底库存数		备注
		项数	金额/元	项数	金额/元	项数	金额/元	项数	金额/元	
正常周转航材	飞机备件	333	272422	202	190695	484	354149	51	108969	
	发动机备件	818	1885750	62	207433	132	339435	748	1753748	
	仪表备件	1086	192236	96	21146	98	23068	1084	190314	
	电气备件	1270	992912	120	109220	328	327661	1062	774471	
	电子备件	758	123764	10	7426	64	9901	704	121289	
	航空照相及救生备件	340	1722540	38	223930	92	344508	286	1601962	
	四站备件	858	597704	280	143449	240	125518	898	615635	
	物资及军工产品	1278	250996	400	90359	720	150598	958	190757	
	小计	6408	6038324	1208	1147282	2158	3019162	5458	4166444	

表4-2是"上年底库存数""本年收入数""本年发付数""本年底库存数"四项航材统计指标所反映的这些变化在一瞬间所达到的水平,并将"本年底库存数"作为次年年初的库存数进行统计、计算。年初航材的库存数虽然有一定的假设性,但实际上这个假设是对的。即使是因某种原因有一定的差异,也必须这

样去计算。①不可能年初一上班就进行"清仓查库";②将"本年底库存数"作为次年年初的库存数进行统计、计算,不但计算简便,而且还可以保持统计数字的连续性。尤其是"库存航材计价挂账总表"一类的航材统计报表,"本年底库存数"就是次年的"上年底库存数",即使在统计计算中由于某种原因出现一些差异,也不能更改,必要时可在备注中注明。但为保证其统计计算的准确性,可调整"本年收入数""本年发付数",使统计数字的连续性得以保持。

例如,2006—2011年某基层级仓库某型飞机备件的库存量如表4-3所列,其中的数字也是指每年9月30日20点时的库存量,所以也是时点数列。该表中的动态数列反映出该航材仓库库存飞机备件的库存量呈现增长趋势。

表4-3 2006—2011年某基层级仓库某型飞机备件年度库存量

年度/年	2006	2007	2008	2009	2010	2011
飞机备件项数	750	742	720	740	776	787

由于时点数列具有瞬间的特点,但时点资料组成的时间数列不可能连续不断,而是有间隔的。在实际工作中,这种瞬间的概念并不很严格。例如,航材统计汇总报表中将9月30日这一天作为年底,"上年底库存数""本年收入数""本年发付数""本年底库存数"四项航材统计指标都以9月30日这一天的20点为准。但在清仓查库中,不可能在9月30日一天就把清仓查库工作做完,必须提前10天或半个月的时间就进行清仓查库,然后进行汇总,以便在10月1日开始计算为另一个航材年度。在这里就存在一个这样的问题,外场继续进行飞行和地面准备,航材保障工作还不能间断,器材必须照常进行收入和发付。为了使外场航材保障工作能够正常进行,又要保证航材统计的准确性,对凡是清查过的器材所发生的收入和发付现象,在航材统计中一律作为下一年度发生的。在航材统计中,如果是按日进行统计的资料,中间没有间隔,就可以称为是没有间隔的"连续时点数列"。如果几天或一段时间没有资料,就称为是有间隔的"间断时点数列"。在间断时点数列中,两个时点之间的间距称为"间隔"。间隔的大小,可以是固定不变的,也可以是有变动的。如良好率报表和发动机报表,每月必须进行统计和上报,这样形成的时点数列的间隔是相等的,间隔都是一个月。又如,航材年度报表,间隔是一年。但有时对航材目录进行重新编排,为配合这项工作,清仓查库工作需提前进行,可能要求在8月30日之前汇总结束,这样其间隔为11个月,下一年度的间隔则变为13个月。在航材统计中,一般说来,变动频繁、资料登记比较容易的事物,时间间隔要短一些;变动不大、资料登记工作又比较难、调查使用经费较多的事物,间隔可放长一些。

2) 相对数动态数列

相对数动态数列是由相对指标组成的动态数列,如表4-4所列,它反映了外场地面设备维护用漆量的趋势比较平稳。

表4-4　2006—2011年某基层级仓库用于外场地面设备维护用漆比例

年度/年	2006	2007	2008	2009	2010	2011
油漆消耗比例/%	80.1	76.1	73	79	81	80

3）平均数动态数列

平均数动态数列是由平均数指标组成的动态数列,如历年平均修理周期、平均故障率等。

2. 动态数列编制原则

动态数列是通过同一指标将不同时期的数值进行对比,可以发现航材事物的发展变化的过程和规律。因此,编制动态数列时应遵循数列中各指标的可比性。为了确保可比,要做到以下几点。

1）时间长短要统一

动态数列指标的大小与时期的长短有直接关系。因此,动态数列各指标所属时期长短应统一,否则无法对比。应当注意,在时间可比性问题上,对时期数列来说,应兼顾时期和距离两方面的可比性。动态数列中时点数列指标的大小与时期长度虽无直接关系,但应该尽量能使时间的间隔相等或相近。也就是说,时点数列没有时间可比问题,但应注意间隔可比。

动态数列中各指标值的大小与时期长短成一定的正比关系,因此就要求时间长短应相等,这样才能保证各指标值的可比性。因此,进行动态对比选择基数时需要注意以下两点:一是要结合研究问题的目的来决定;二是要能反映不同时期、不同阶段的特点。

2）总体范围要统一

每个指标所包括的总体范围要统一,否则,就失去了可比性。

3）计算方法要统一

采用的计量单位、计算方法都要保持其一致性,否则,就不能反映其真实情况。

4）具体内容要统一

具体内容要统一,就是说要注意动态数列各个指标的内容同质性,如对基层级仓库个数进行动态对比时,要求所比较的保障内容应相近或相同,不能硬性地拿保障直升机的单位与保障歼击机或轰炸机的单位来对比。

4.1.2　动态数列分析指标

动态数列可以反映事物的发展过程和趋势。但是要分析事物发展变化的特点与规律,只有动态数列还不够,还需要做到两点:一是计算航材现象动态数列的分析指标,即动态分析指标,如动态比较指标、动态平均指标。研究人员就是通过这些指标来研究航材筹措、供应、管理发展变化过程中的数量特征,进而揭示其发展变化的趋势和规律的。二是分析动态数列的波动原因,用不同的统计方法发现一些主要因素的影响,剔除多余因素的干扰,进而分析各种主要因素对动态数列总波动的影响,以预测航材筹措、供应、管理在近期、中期、长期的发展水平情况。

1. 动态比较指标

动态比较指标包括发展速度、增减量、增减率以及增减百分比的绝对值等。

现以某基层级航材保障单位消耗航材情况为例,来说明动态比较指标的计算方法及指标之间的换算关系,如表4-5所列。

表4-5 飞机备件航材消耗表

年度/年 分析指标		2006	2007	2008	2009	2010	2011
		a_0	a_1	a_2	a_3	a_4	a_5
航材消耗件数(发展水平)/件		19720	19680	19412	18427	15400	11698
增减量/件	定基		−40	−268	−985	−3027	−3702
	累计		−40	−308	−1293	−4320	−8022
发展速度/%	定基	100	99.8	98.4	93.4	78.1	59.3
	环比		99.8	98.6	94.9	83.5	76.0
增减速度/%	定基		−0.2	−1.6	−6.6	−21.9	−40.7
	环比		−0.2	−1.4	−3.7	−11.4	−7.5
平均发展速度/%		90.56					

1) 发展水平

发展水平是指航材供应现象在一定时期或时点达到规定的规模和水平,能够反映出航材供应现象在不同时期变化的方向和趋势,所以发展水平也是计算其他动态分析指标的基础。在动态数列中,根据发展水平在动态数列中所处的位置,可分为最初水平、最末水平、报告期水平和基期水平。在一个动态数列资料中,第一个时间数值指标称为最初水平,如表4-5中2006年为19720件;最后一项叫最末水平,如表4-5中2011年为11698件。在对比两个时间的发展水平时,所研究时间的发展水平称报告期水平,对比的基础时间水平称为基期水平。

在表4-5中的飞机备件航材消耗件数19720,19680,19412,…都是时间发展水平,以$a_0,a_1,a_2,\cdots,a_{n-1},a_n$表示。$a_0$是最初水平,$a_n$是最末水平。

2）增减量

增减量是反映航材供应中具体现象在一定时期或时点所净增减的绝对数。增减量是在比较两个时间的发展水平时，用报告期发展水平减去基期发展水平所得的差数。这个差数为正值，就是增长量；如为负值，就是减少量或降低量。之所以称为增减量，就是可增可减的意思。增加量按照所用基期不同，又可分为逐期增减量和累计增减量两种。逐期增减量是以前一期作为基础，本期为报告期，由本期水平减去前期水平而得；累计增减量则是报告期水平减去某固定基期水平所得之差，如表4-6所列。

表4-6　飞机备件消耗增减量表

年度/年　　分类	2006	2007	2008	2009	2010	2011
逐期/件	—	a_1-a_0	a_2-a_1	a_3-a_2	a_4-a_3	a_5-a_4
	—	−40	−268	−985	−3027	−3702
累计/件	—	a_1-a_0	a_2-a_0	a_3-a_0	a_4-a_0	a_5-a_0
	—	−40	−308	−1293	−4432	−8022

从表4-6中可以看出，飞机备件消耗是在逐年减少，即为减少量或下降量，尤其后两年下降量很大。

增减量为

$$增减量=报告期水平-基期水平 \qquad (4-1)$$

逐期增减量为

$$a_1-a_0，a_2-a_1，a_3-a_2，\cdots，a_n-a_{n-1} \qquad (4-2)$$

累计增减量为

$$(a_1-a_0)+(a_2-a_1)+(a_3-a_2)+\cdots+(a_n-a_{n-1})=a_n-a_0$$
$$(4-3)$$

下面对逐期增减量与累计增减量之间的关系进行分析。

$$a_2-a_0=(a_1-a_0)+(a_2-a_1)$$
$$a_3-a_0=(a_1-a_0)+(a_2-a_1)+(a_3-a_2)$$
$$\cdots\cdots$$
$$a_n-a_0=(a_1-a_0)+(a_2-a_1)+\cdots+(a_n-a_{n-1})$$

可见，逐期增减量之和等于累计增减量。表4-5中2011年对2006年的累计增减量即为

$$11698-19720=(-40)+(-268)+(-985)+(-3027)+(-3702)=-8022（件）$$

这种关系带有普遍性，不仅适用于绝对数的动态数列，也适用于相对数和平均数的动态数列。利用这种关系，可以由已知数推算某一个未知数。例如，已知

五个逐期增减量中的四个累计增减量,就可以推算出未知的逐期增减量。也就是说,利用这种关系,可以计算出数列中任何一项所缺的数值。

3）发展速度

发展速度是两个时期发展水平的比率,即动态相对数指标,其计算公式为

$$发展速度 = \frac{报告期水平}{基期水平} \times 100\% \tag{4-4}$$

发展速度可以说明某种航材供应过程中具体现象的变化程度。由于对比基期不同,发展速度又分为定基发展速度与环比发展速度两种。定基发展速度是报告期水平与最初期水平之比,它说明航材供应中的具体现象在一段较长时期内的总发展速度。环比发展速度是报告期水平与前期水平之比,它说明航材供应过程中某种具体现象的逐期发展速度。它们之间也存在着一定的数量关系,即定基发展速度等于相应的各个环比发展速度之积。两个相邻时期的定基发展速度之比等于环比发展速度,如表4-7所列。

表4-7 飞机备件消耗发展速度表

年度/年 分类	2006	2007	2008	2009	2010	2011
环比/ %	—	$\frac{a_1}{a_0} \times 100$	$\frac{a_2}{a_1} \times 100$	$\frac{a_3}{a_2} \times 100$	$\frac{a_4}{a_3} \times 100$	$\frac{a_5}{a_4} \times 100$
	—	99.8	98.6	94.9	83.5	76.0
定基/ %	$\frac{a_0}{a_0} \times 100$	$\frac{a_1}{a_0} \times 100$	$\frac{a_2}{a_0} \times 100$	$\frac{a_3}{a_0} \times 100$	$\frac{a_4}{a_0} \times 100$	$\frac{a_5}{a_0} \times 100$
	100.00	99.8	98.4	93.4	78.1	59.3

环比发展速度为

$$\frac{a_1}{a_0}, \frac{a_2}{a_1}, \frac{a_3}{a_2}, \cdots, \frac{a_n}{a_{n-1}} \tag{4-5}$$

下面对定基发展速度与环比发展速度之间的关系进行分析。

$$\frac{a_2}{a_0} = \frac{a_1}{a_0} \times \frac{a_2}{a_1}$$

$$\frac{a_3}{a_0} = \frac{a_1}{a_0} \times \frac{a_2}{a_1} \times \frac{a_3}{a_2}$$

$$\cdots\cdots$$

$$\frac{a_n}{a_0} = \frac{a_1}{a_0} \times \frac{a_2}{a_1} \times \frac{a_3}{a_2} \times \cdots \times \frac{a_n}{a_{n-1}} \tag{4-6}$$

可见,定基发展速度是环比发展速度的连乘积。反过来,将相邻时期定基发

展速度进行对比，$\dfrac{a_n}{a_0} \div \dfrac{a_{n-1}}{a_0} = \dfrac{a_n}{a_{n-1}}$，显然，相邻时期定基发展速度之比即为环比发展速度。

在整理历史资料时，如果所掌握的资料不全，可以利用定基发展速度与环比发展速度之间的关系，推算出所缺资料。

4）增减速度

增减速度是扣除基数之后的发展速度，表示报告期水平比基期水平增加或减少的程度。其值如为正，则是增长速度，又称增长率；如为负，则是降低速度，又称降低率。

增减速度是说明在一定时期内净增减的动态相对指标，其计算公式为

$$增减速度 = 发展速度 - 1 = \dfrac{a_1}{a_0} - 1 \qquad (4-7)$$

$$增减速度 = \dfrac{增减量}{基期水平} = \dfrac{a_1 - a_0}{a_0} = \dfrac{a_1}{a_0} - 1 \qquad (4-8)$$

由于增减速度与发展速度之间存在着密切的数量关系，即增减速度等于发展速度基数减 1 或 100%，因此在实际工作中，用后者计算增减速度更为简便。

与发展速度一样，增减速度也可以分为定基增减速度与环比增减速度两种。从环比发展速度或逐期增减量计算出的增减速度，是环比增减速度；从定基发展速度或累计增减量计算出的增减速度，是定基增减速度。定基增减速度等于定基发展速度基数减 1 或 100%，环比增减速度等于环比发展速度基数减 1 或 100%。定基增减速度与环比增减速度之间，不能直接换算。上例中飞机备件消耗的增减速度如表 4-8 所列。

表 4-8 飞机备件消耗的增减速度表

年度/年	环比/%		定基/%	
	发展速度	增加速度	发展速度	增加速度
2007	$\dfrac{a_1}{a_0} \times 100$	-0.2	$\dfrac{a_1}{a_0} \times 100$	-0.2
2008	$\dfrac{a_2}{a_1} \times 100$	-1.4	$\dfrac{a_2}{a_0} \times 100$	-1.6
2009	$\dfrac{a_3}{a_2} \times 100$	-3.7	$\dfrac{a_3}{a_0} \times 100$	-6.6
2010	$\dfrac{a_4}{a_3} \times 100$	-11.4	$\dfrac{a_4}{a_0} \times 100$	-21.9
2011	$\dfrac{a_5}{a_4} \times 100$	-7.5	$\dfrac{a_5}{a_0} \times 100$	-40.7

2. 动态平均指标

动态平均指标是把平均数的方法用于动态数列,平均的对象是某一统计指标在不同时间上的数值。由于动态数列有许多不同于一般变量的特点,在求动态平均数时,除使用算术平均法、调和平均法和几何平均法外,还用到高次方程平均法。不同的平均数计算方法适用不同的动态数列,从而形成各种各样的动态平均数,总称序时平均数。

序时平均数是把具体现象在时间上的数量差异抽象化,用一个代表数值反映现象在一段时间内的一般水平。它的作用在于可以消除短时间内偶然变动因素的影响,明显地反映现象长时期内的发展趋势,能使时间长短不等的时期数列指标变为可比。

序时平均数是指把动态数列中各项指标数值加以平均所求得的平均数。它包括平均发展水平、平均发展速度与平均增减速度。

在各种序时平均数中,以绝对数动态数列的序时平均数最为重要,它是计算平均发展速度和平均增减速度的基础。

1)平均增减量

平均增减量是序时平均数中最简单的一种。增减量虽然可以根据绝对数动态数列计算,但也可以根据相对数动态数列或平均数动态数列计算,因为它属于一种特殊的绝对数动态数列。所谓平均增减量,指的是逐期增减量的序时平均数,可以用简单算术平均法计算。由于逐期增减量之和等于累计增减量,因此,平均增减量的计算公式为

$$平均增减量 = \frac{累计增减量}{项数} \qquad (4-9)$$

其中,项数是指逐期增减量的项数或数目,它比发展水平的项数少一项,即 n 个发展水平有 $n-1$ 个逐期增减量。例如,2006—2011 年 6 年间,飞机备件消耗累计增减量为 -8022,发展水平为 6 项,但逐期增减量的项数则为 5 项。因此,2006—2011 年间的平均增减量为 $\frac{-8022}{5} = -1604.4$(件),即在此期间飞机备件消耗每年递减 1604.4 件。

如果增减量是百分比表示的抽象化数值,也可以使用简单平均法计算其平均增减量。例如,某基层级仓库连续 5 年航材保障良好率按计划情况增减量分别是 8%、-5%、4%、-7%、6%,则年平均增减量为

$$\frac{8\% - 5\% + 4\% - 7\% + 6\%}{5} = 1.2\%$$

即良好率完成计划百分比平均递增 1.2%,5 年累计增长 6%。

应当注意的是,这里讲的是静态相对数增减量的序时平均数,即各年增减量是根据静态相对数"航材保障良好率计划完成百分比"计算的,而不是动态相对数增减量的序时平均数。

动态相对数增减量是指前面讲过的环比增减速度,这种增减量的序时平均数不能用算术平均法,而要用几何平均法。利用平均数动态数列求出的逐期增减量计算序时平均数时,也可以用简单算术平均法来计算。例如,某修理厂修理能力历年增减情况是:20件、15件、-10件、8件、12件,则平均每年修理能力上升量为

$$\frac{20 + 15 - 10 + 8 + 12}{5} = 9 (件)$$

2)平均发展水平

(1)绝对数动态数列的平均发展水平。事物在各个时期的发展水平不同,分析时为了得出一般的概念,就需计算绝对数动态数列序时平均数,得出其平均发展水平,以表示事物在一段时期内可以达到的一般水平。

在计算绝对数动态数列序时平均数时,要根据绝对数动态数列的不同情况采用不同的方法,这些方法也可以用于计算相对数动态数列和平均数动态数列的序时平均数。

① 时期数列的平均发展水平。如果动态数列的各项指标是时期数列,那么就可以用时期数列计算其平均发展水平。方法是:用简单算术平均法,将各项指标直接相加再除以项数,即得其平均发展水平。其计算公式为

$$平均发展水平 = \frac{各时期指标数值之和}{各时期的项数} \qquad (4-10)$$

设各时期指标数值为 $a_1, a_2, \cdots, a_n$;以 $\bar{a}$ 代表序时平均数,n 代表项数,则式(4-10)可以表示为

$$\bar{a} = \frac{a_1 + a_2 + a_3 + \cdots + a_n}{n} = \frac{\sum a}{n} \qquad (4-11)$$

式中:$\bar{a}$ 为时期变量 a 的平均发展水平。子项变量从 a_1 算起,而不是从 a_0 算起,其平均发展水平即为 n 个变量值总和的平均值。例如,某基层级仓库飞机备件年库存平均水平为

$$\bar{a} = \frac{650 + 642 + 620 + 640 + 676 + 687}{6} = \frac{3915}{6} = 652.5(件)$$

计算表明,该仓库飞机备件年库存平均水平为652.5件。对距离不等的时期数列,也可以使用上述公式计算平均发展水平,不必加权。

② 时点数列平均发展水平。时点数列有连续时点和间断时点之别,每种情

况下又有简单平均和加权平均两种方法。下面对连续时点数列平均发展水平、间隔时点数列平均发展水平的计算方法进行详细介绍。

a. 连续时点数列的平均发展水平。连续时点数列有两种表现形式:一是按原来的时点值排列,未进行任何分组;二是经过分组,组成单项数列。针对平均发展水平的计算,前者用简单平均法,后者用加权平均法。

Ⅰ. 利用简单算术平均法计算未经分组的连续时点数列的平均发展水平

简单算术平均法的计算公式为

$$\bar{a} = \frac{\sum a}{n} \tag{4-12}$$

式中:$\bar{a}$ 为平均发展水平;a 为各时点的发展水平;n 为时点项数。

【序时平均数算例一】某基层级仓库某月上旬器材的发付情况如表4-9所列,其中的发付数据就是没有分组的连续时点数列。

表4-9　某基层级仓库某月上旬器材发付情况

日期	发付器材/项	日期	发付器材/项
1日	102	6日	123
2日	132	7日	116
3日	123	8日	132
4日	132	9日	156
5日.	116	10日	102

根据上述资料,求其平均发展水平,即为

$$\bar{a} = \frac{\sum a}{n} = \frac{102 + 132 + 123 + 132 + 116 + 123 + 116 + 132 + 156 + 102}{10}$$

$$= 123.4(项)$$

即该单位该月上旬每日平均约发付航材124项。

Ⅱ. 利用简单算术平均法计算未经分组的连续时点单项数列的平均发展水平

加权平均法的计算公式为

$$\bar{a} = \frac{\sum af}{\sum f} \tag{4-13}$$

式中:$\bar{a}$ 为平均发展水平;a 为各时点的发展水平;f 为各时点变量值的次数。

【序时平均数算例二】用表4-9的资料,将重复数值合并,作为单项数列,如表4-10所列。

计算得该单项数列的平均发展水平为

$$\bar{a} = \frac{\Sigma af}{\Sigma f} = \frac{1234}{10} = 123.4(项)$$

表 4-10　某基层级仓库某月上旬器材发付的分组情况

发付航材项数 a	日数 f	af
102	2	204
116	2	232
123	2	246
132	6	396
156	1	156
合计	10	1234

b. 间隔时点数列的平均发展水平。在间隔时点数列中,时点的位置有两种情况:一种处在时期的一端(期初或期末);另一种是处在时期的中间。由于时点的位置不同,计算平均发展水平的方法也有所区别。此外,时点之间的间隔也有相等和不等两种,算法也不同。

时点处在时期一端的可以转换到时期中间。间隔相等的可以用简单平均法计算,间隔不等的则用加权序时平均法计算。

Ⅰ. 利用简单平均法计算间隔相等且时点在中间的时点数列的平均发展水平

【序时平均数算例三】抽查某基层级仓库 2006 年、2007 年、2008 年、2009年、2010 年中在 6 月 30 日器材的发付情况,所得数据如表 4-11 所列。

表 4-11　2006—2010 年某基层级仓库器材的发付情况

时点	器材发付数/项
2006 年 6 月 30 日	123
2007 月 6 月 30 日	132
2008 月 6 月 30 日	116
2009 月 6 月 30 日	102
2010 月 6 月 30 日	156

表 4-11 中的时点间隔相等,各点数值是各年中间的值,计算得其 2006—2010 年时期内在 6 月 30 日的平均日航材发付数为

$$\bar{a} = \frac{123 + 133 + 116 + 102 + 156}{5} = \frac{630}{5} = 126(项)$$

Ⅱ. 利用简单平均法计算间隔相等而时点在一端的时点数列的平均发展水平

在间隔相等的时点数列中,若时点在一端,若求平均发展水平,则应分为两步:第一步,用期初和期末时点值求其平均,作为时期的代表值,这一步的计算等于把时期一端的数值移到时期中期;第二步,将这些代表值再进行简单平均。即

第一步,各期时点平均为 $\dfrac{a_1+a_2}{2}$, $\dfrac{a_2+a_3}{2}$, $\dfrac{a_3+a_4}{2}$,…, $\dfrac{a_{n-1}+a_n}{z}$,共有 $n-1$ 个。

第二步,求上列各值的平均数:

$$\bar{a}=\dfrac{\dfrac{a_1+a_2}{2}+\dfrac{a_2+a_3}{2}+\dfrac{a_3+a_4}{2}+\cdots+\dfrac{a_{n-1}+a_n}{2}}{n-1}$$

$$=\dfrac{\dfrac{a_1}{2}+a_2+a_3+\cdots+\dfrac{a_n}{2}}{n-1} \tag{4-14}$$

式中: $\bar{a}$ 为平均发展水平; a_1、a_n 为各时点的发展水平; n 为时点项数。

【序时平均数算例四】2006 年 3 月至 6 月某基层级仓库 1000×300 外胎库库情况如表 4-12 所列,其库存量就是间隔相等而时点在期末的时点数列。

表 4-12　2006 年 3 月至 6 月某基层级仓库 1000×300 外胎的库存情况

日期	3 月 31 日	4 月 30 日	5 月 31 日	6 月 30 日
库存轮胎/条	200	160	260	220

根据上述资料,求该单位第二季度轮胎的平均库存量,即

$$\bar{a}=\dfrac{\dfrac{200}{2}+160+260+\dfrac{220}{2}}{4-1}=\dfrac{630}{3}=210(\text{条})$$

Ⅲ. 利用加权平均法计算间隔不等的时点数列的平均发展水平

对于间隔不等的间隔时点数列求平均发展水平,应采用加权平均法计算,就是把不同的间隔时间作为权数,对各时点平均数进行加权,其计算公式如下:

$$\bar{a}=\dfrac{\dfrac{a_1+a_2}{2}f_1+\dfrac{a_2+a_3}{2}f_2+\cdots+\dfrac{a_{n-1}+a_n}{2}f_n}{\sum f} \tag{4-15}$$

式中: $\bar{a}$ 为平均发展水平; a 为各时点的发展水平; f 为权数(时点间隔数)。

【序时平均数算例五】某基层级仓库全年对库存航空电瓶数量进行三次清仓查库所得数据如表 4-13 所列,求全年月平均库存量。

表 4-13　某基层级仓库全年对库存航空电瓶数量的三次清查情况

时点	库存电瓶数/块	间隔时间/月
2 月 1 日	180	—
6 月 1 日	220	4
12 月 1 日	260	8

根据上述资料,求该仓库航空电瓶月平均库存数,即

$$\bar{a} = \frac{\dfrac{180+220}{2} \times 4 + \dfrac{220+260}{2} \times 8}{4+8} = \frac{800+1920}{12} \approx 227\ (块)$$

【序时平均数算例六】某基层级仓库 6~9 月库存航空电瓶如表 4-14 所列,求第三季度航空电瓶平均库存量。

表 4-14　某基层级仓库 6~9 月库存航空电瓶情况

日期	6 月 30 日	8 月 31 日	9 月 30 日
库存电瓶数/块	200	160	290

根据上述资料,第二项资料和第一项资料之间隔两个月,第三项资料和第二项资料之间间隔一个月,利用加权平均法计算该仓库第三季度航空电瓶平均库存量,即

$$\bar{a} = \frac{\dfrac{200+160}{2} \times 2 + \dfrac{160+290}{2} \times 1}{2+1} = \frac{360+225}{3} = 195\ (块)$$

根据间断时点数列求出的平均发展水平有一定的假定性,它只是近似值。假定性就是假定断开的各时点之间的变量值呈均匀变化状态,即从本月底至下月底之间,每天都是均匀地增长或减少。例如,表 4-14 中,电瓶从 8 月份的 160 块到 9 月份的 290 块,在 30 天内增加了 130 块。可以假定这 130 块电瓶是在这一个月内是均匀地增加,而不是月内某天或某几天突然增长上来(实际上是突然增长上来的,有些时候也是突然下降的)。只有这样,才能确定上组限和下组限的平均数(即组中值),用以代表各组的变量值,求出序时平均数。应该注意的是,航材日常收发具有较强的突发性,所以这种假定在航材实际工作中是不存在的,但是这种假定有利于间断时点数列平均发展水平的计算和分析。

(2)相对数动态数列的平均发展水平。相对数共有计划完成相对数、结构相对数、比例相对数、强度相对数和动态相对数五种,相对数的动态数列也有五种。其中,计划完成相对数、结构相对数、比例相对数和强度相对数四种相对数组成的动态数列的平均发展水平的计算方法是相同的,都采用算术平均法计算;

而动态相对数组成的动态数列的平均发展水平,不能使用算术平均法计算,而应使用几何平均法和高次方程法计算。

相对数动态数列的平均发展水平的计算方法,根据掌握的资料不同,可归纳为以下两类。

一是由一般相对数组成的动态数列,除了各时间的相对数指标外,还有构成相对数比值的子项和母项的绝对数资料,这时可以采用绝对数动态数列求平均发展水平的方法,先求出子项和母项数列的平均发展水平,然后再将它们加以对比,即可求出所需的相对数动态数列的平均发展水平。

二是由一般相对数组成的动态数列,除了各时间的相对数指标外,只有构成相对数比值的子项资料而缺少母项资料,或只有母项资料而缺少子项资料,则可以采用加权算术平均法(以比值的母项资料作权数)或加权调和平均法(以比值的子项资料作权数)计算。

动态数列中的相对数有由两个时期数列对比、两个时点数列对比或一个时期数列与一个时点数列对比之分,其平均发展水平的计算方法也不同。

① 由两个时期数对比而成的相对数动态数列的平均发展水平。设 a 为相对数比值的子项,b 为相对数比值的母项,c 为相对数的比值 $= \dfrac{a}{b}$,$\bar{c}$ 为平均发展水平,按掌握的资料不同,由两个时期数对比而成的相对数动态数列的平均发展水平有三种算法。

a. 比值的子项和母项资料齐备,其计算公式为

$$\bar{c} = \frac{\bar{a}}{\bar{b}} = \frac{\dfrac{\Sigma a}{n}}{\dfrac{\Sigma b}{n}} = \frac{\Sigma a}{\Sigma b} \qquad (4\text{-}16)$$

这是两个简单平均数之比。

b. 只有比值的母项资料 b,缺少子项资料 a,则用加权算术平均法公式,即

$$\bar{c} = \frac{\Sigma a}{\Sigma b} = \frac{\Sigma bc}{\Sigma b} \qquad (4\text{-}17)$$

c. 只有比值的子项资料 a,缺少母项资料 b,则用加权调和平均数公式,即

$$\bar{c} = \frac{\Sigma a}{\Sigma b} = \frac{\Sigma a}{\Sigma \dfrac{1}{c}a} \qquad (4\text{-}18)$$

【序时平均数算例七】某中继级仓库某年 7、8、9 月完成航材送修计划情况如表 4-15 所列,根据这些数据,分别利用以上三种算法计算第三季度完成航材送修计划的程度。

76

表 4-15　某中继级仓库某年 7、8、9 月完成航材送修计划情况

指标 ＼ 日期	7月	8月	9月	合计
完成送修数 a/件	110	130	130	370
计划送修数 b/件	120	130	150	400
完成送修航材计划百分比 $c = \dfrac{a}{b}$ /%	91.7	100	86.7	92.5

计算第三季度完成航材送修计划的程度,就是求各月完成计划的百分比的平均数。

首先,假定同时具备完成数 a 和计划数 b,则第三季度送修计划的完成程度为

$$\bar{c} = \frac{\sum a}{\sum b} = \frac{370}{400} \times 100\% \approx 92.5\%$$

然后,假定只有计划数 b 而没有完成数 a,则第三季度送修计划的完成程度为

$$\bar{c} = \frac{\sum bc}{\sum b} = \frac{120 \times 91.7\% + 130 \times 100\% + 150 \times 86.7\%}{120 + 130 + 150} = \frac{370}{400} \times 100\% \approx 92.5\%$$

最后,假定只有完成数 a 而没有计划数 b,则第三季度送修计划的完成程度为

$$\bar{c} = \frac{\sum a}{\sum \frac{1}{c} a} = \frac{370}{\frac{110}{91.7\%} + \frac{130}{100\%} + \frac{130}{86.7}} = \frac{370}{400} \times 100\% \approx 92.5\%$$

② 由两个时点数对比而成的相对数动态数列的序时平均数。在前面讲到由时点数列求序时平均数时,曾列举了四个公式,即式(4-12)~式(4-15),是针对四种不同的资料提出来的。由两个时点数对比而成的相对数动态数列,求序时平均数时,也有相对应的四种情况,这样也既有四种计算方法。

a. 由两个连续时点数列对比而成的动态数列,如果未分组,其平均发展水平用简单平均法计算,其公式见式(4-16)。如果分组形成单项数列,则其平均发展水平按下式计算:

$$\bar{c} = \frac{\frac{\sum af}{\sum f}}{\frac{\sum bf}{\sum f}} = \frac{\sum af}{\sum bf} \tag{4-19}$$

【序时平均数算例八】某基层级仓库第二季度某项航材装机数和库存数的对比情况如表4-16所列。

表4-16　某基层级仓库第二季度某项航材装机数和库存数的对比情况

指标	4月1日~ 5月9日	5月10日~ 6月4日	6月5日~ 6月30日	合计
装机数 b	218	226	216	
库存数 a	22	20	23	
库存数比例 $c=\dfrac{a}{b}/\%$	10.09	8.85	10.65	9.86
间隔时间 f/天	39	26	26	91
实际装机时间 bf/天	8502	5876	5616	19994
实际库存时间 af/天	858	520	598	1976

在第二季度的91天中，外场器材的装机数和内场库存数两个指标都有变动。库存数比例是两个连续时点数之比，资料是单项数列的形式，以间隔日期作为权数。可以采用上述公式计算第二季度的库存航材的平均比例，也就是计算其正常周转器材所占的比例。该表资料中，因变量 c（库存数比重）的子项 a（库存数）及母项 b（装机数）以及权数 f（间隔时间）均具备，则该器材库存的平均比例为

$$\bar{c}=\frac{\sum af}{\sum bf}=\frac{1976}{19994}\times100\%=9.86\%$$

b. 由两个间断时点数列对比而成的动态数列，间隔相等时，其平均发展水平按下式计算：

$$\bar{c}=\frac{\bar{a}}{\bar{b}}=\frac{\dfrac{\dfrac{a_1}{2}+a_2+\cdots+a_{n-1}+\dfrac{a_n}{2}}{n-1}}{\dfrac{\dfrac{b_1}{2}+b_2+\cdots+b_{n-1}+\dfrac{b_n}{2}}{n-1}}=\frac{\dfrac{a_1}{2}+a_2+\cdots+a_{n-1}+\dfrac{a_n}{2}}{\dfrac{b_1}{2}+b_2+\cdots+b_{n-1}+\dfrac{b_n}{2}}\quad(4-20)$$

【序时平均数算例九】某基层级仓库第二季度月末某项器材装机数和库存数的对比情况如表4-17所列。

表4-17　某基层级仓库第二季度月末某项器材装机数和库存数的对比情况

日期 指标	3月末	4月末	5月末	6月末	平均数
装机数 b	218	218	226	216	219.5

日期\指标	3 月末	4 月末	5 月末	6 月末	平均数
库存数 a	22	22	20	23	21.75
库存数比例 $c=\dfrac{a}{b}/\%$	10.09	10.09	8.85	10.65	9.92

表 4-17 中的库存数比例是间断的时点数列之比,间隔相等。在计算该器材库存的平均比例时,可以分步计算:第一步,计算第二季度库存航材的月平均数,即 $\dfrac{64.5}{3}=21.5$;第二步,计算第二季度月平均装机数,即 $\dfrac{665}{3}\approx221.7$。两数之比就是该器材库存的平均比例,即 9.7%。但这种计算方法不如按公式直接对比两个总量更方便些,即

$$\bar{c}=\frac{\dfrac{22}{2}+22+20+\dfrac{23}{2}}{\dfrac{218}{2}+218+226+\dfrac{216}{2}}=\frac{64.5}{665}=0.097 \text{ 或 } 9.7\%$$

c. 由两个间断时点数列对比而成的动态数列,间隔不等时,其平均发展水平按下式计算:

$$\bar{c}=\frac{\dfrac{a_1+a_2}{2}f_1+\dfrac{a_2+a_3}{2}f_2+\cdots+\dfrac{a_{n-1}+a_n}{2}f_{n-1}}{\dfrac{b_1+b_2}{2}f_1+\dfrac{b_2+b_3}{2}f_2+\cdots+\dfrac{b_{n-1}+b_n}{2}f_{n-1}} \tag{4-21}$$

在计算中对子项和母项都要加权,以间隔数作为权数。

【序时平均数算例十】某基层级仓库第三季度某项器材装机数和库存数的对比情况如表 4-18 所列。

表 4-18　某基层级仓库第三季度某项器材装机数和库存数的对比情况

日期\指标	6 月 30 日	8 月 31 日	9 月 30 日
装机数 b/件	216	220	226
库存数 a/件	23	20	18
库存数比例 $c=\dfrac{a}{b}/\%$	10.65	9.1	7.96

表 4-18 中的库存数比例是间断的时点数列之比,间隔不等,利用式(4-21)计算该器材库存的平均比例,即为

$$\bar{c} = \frac{\dfrac{23+20}{2} \times 2 + \dfrac{20+18}{2} \times 1}{\dfrac{216+220}{2} \times 2 + \dfrac{220+226}{2} \times 1} = \frac{62}{655} \times 100\% \approx 9.47\%$$

③ 由一个时期数列和一个时点数列对比而成的相对数动态数列的平均发展水平。由一个时期数列和一个时点数列对比而成的相对数动态数列,其平均发展水平按下式计算:

$$\bar{c} = \frac{\bar{a}}{\bar{b}} = \frac{\Sigma a}{\Sigma b} \tag{4-22}$$

【序时平均数算例十一】某基层级仓库某年各季度某项航材消耗量和航材消耗定额对比情况如表4-19所列。

表4-19　某基层级仓库某年各季度某项
航材消耗量和航材消耗定额对比情况

日期 指标	一季度	二季度	三季度	四季度	合计
航材消耗量 a/件	2	8	8	8	26
周转定额量 b/件	4	6	8	6	24
消耗数比例 $c = \dfrac{a}{b}$/%	50	133.3	100	133.3	108.3

表4-19中的航材消耗量和消耗定额都是时期数列,航材消耗量是季度末期数值,消耗定额是季度初期数值。这样就必须通过序时平均,把时期一端的时点值移到时期中间来,使其性质变为时期中间的时点值,这样就可以用简单平均方求每个季度实际消耗数对消耗定额的平均比例,即为

$$\bar{c} = \frac{\Sigma a}{\Sigma b} = \frac{26}{24} = 108.3\%$$

显然,该器材的消耗量比消耗定额每季度平均超出8.3%,而在实际工作中要求消耗定额与消耗量基本一致,即1:1。而该器材的消耗量大于消耗定额,这表明航材的周转量不足,很可能会造成停飞。

针对消耗量超出消耗定额的情况,需要考虑以下几个问题:

一是消耗是否正常;二是任务量是否有所增加;三是定额制定是否合理;四是有无其他因素的影响,例如,管理水平、气候条件、道面质量、空地人员技术素质、事故差错等。

80

反之,消耗量小于消耗定额,也要查清原因,以免造成积压浪费,降低航材保障中的军事效益和经济效益。

(3)平均数动态数列的平均发展水平。

① 由一般平均数组成的平均数动态数列的平均发展水平。一般平均数动态数列的性质与相对数动态数列相似,其平均发展水平的计算方法可参考相对数动态数列平均发展水平的计算方法。平均数动态数列的序时平均数是动态的平均数,其平均数是由两个绝对数比出来的,子项是标志总量,母项是总体总量。因此,凡是有关从相对数动态数列求平均发展水平的方法,都适用于从一般平均数动态数列求平均发展水平。

【序时平均数算例十二】某基层级仓库 3~6 月消耗器材维修经费情况如表4-20 所列。

表 4-20 某基层级仓库 3~6 月消耗器材维修经费情况

日期 指标	3 月初	4 月初	5 月初	6 月初
维修经费总额/元	12000	16000	11300	13600
飞机架数/架	38	45	36	40
平均费用/元/架	315.79	355.56	313.89	340.00

月平均维修经费是月初维修费总额与月初飞机架数之比,对比的子项和母项都是时点数,可以按照计算时点数列平均发展水平的方法,分别求出每个月维修经费总额的平均发展水平和平均飞机架数,进而计算出每架飞机的月平均维修经费,即为

$$\bar{c} = \frac{\dfrac{12000}{2} + 16000 + 11300 + \dfrac{13600}{2}}{\dfrac{38}{2} + 45 + 36 + \dfrac{40}{2}} = \frac{40100}{120} \approx 334.17 \text{（元）}$$

② 由平均发展水平组成的动态数列的平均发展水平。计算由平均发展水平组成的动态数列的平均发展水平,如果时期相等,可以用简单平均法计算;如果时期不等,应以时期数作权数,采用加权平均法计算。

例如,已知各季度的平均消耗量,由于季度的长度相等,就可以采用简单平均法求全年的平均消耗量,即将四个季度平均消耗量之和除以 4 得出。

又如,某基层级仓库 1 月份平均消耗电瓶 27 块,2 月份和 3 月份都是 30 块,第二季度平均每月 33 块,则上半年平均消耗电瓶数为

$$\bar{a} = \frac{\sum af}{\sum f} = \frac{27 \times 1 + 30 \times 2 + 33 \times 3}{1 + 2 + 3} = \frac{186}{6} = 31 \text{（块）}$$

3）平均发展速度和平均增减速度

（1）平均发展速度。航材供应工作在发展过程中,由于各个时期的具体情况不同,导致各时期发展速度也不相同,为了解一定时期内的一般速度,就需要计算平均发展速度。

通过环比发展速度计算平均发展速度时,不能采用算术平均法,而必须采用几何平均法。

设各期环比发展速度为 $x_1, x_2, \cdots, x_n$,平均发展速度为 $\overline{X}$,则

$$\overline{X} = \sqrt[n]{x_1 \cdot x_2 \cdots x_n} \tag{4-23}$$

设最初水平为 a_0 ,在 n 期后达到最末水平 a_n ,则有

$$x_1 = \frac{a_1}{a_0}, x_2 = \frac{a_2}{a_1}, \cdots, x_n = \frac{a_n}{a_{n-1}}$$

因此, $\overline{X}$ 的计算公式变为

$$\overline{X} = \sqrt[n]{\frac{a_n}{a_0}} \tag{4-24}$$

计算平均发展水平时,可以根据所掌握的资料不同,选择使用不同的公式。

如掌握各个时期的环比速度,可以利用公式(4-23)计算。

如掌握期末、期初水平资料,可以利用公式(4-24)计算。

例如,某型飞机装备部队后,从 2005 年到 2011 年连续 7 年消耗某项器材情况如表 4-21 所列。将 2005 年作为最初水平,该项航材的航材消耗发展速度如表 4-22 所列。

表 4-21 航材消耗规律表

年度/年	2005	2006	2007	2008	2009	2010	2011
消耗件数/件	49	38	32	34	31	20	14

表 4-22 航材消耗发展速度 （%）

年度/年	2005	2006	2007	2008	2009	2010	2011
环比/%	—	$\frac{a_1}{a_0} \times 100$	$\frac{a_2}{a_1} \times 100$	$\frac{a_3}{a_2} \times 100$	$\frac{a_4}{a_3} \times 100$	$\frac{a_5}{a_4} \times 100$	$\frac{a_6}{a_5} \times 100$
	—	0.76	0.84	1.63	0.91	0.64	0.70
定基/%	$\frac{a_0}{a_0} \times 100$	$\frac{a_1}{a_0} \times 100$	$\frac{a_2}{a_0} \times 100$	$\frac{a_3}{a_0} \times 100$	$\frac{a_4}{a_0} \times 100$	$\frac{a_5}{a_0} \times 100$	$\frac{a_6}{a_0} \times 100$
	100.00	0.76	0.65	0.69	0.63	0.41	0.29

已知该项航材消耗的发展速度有 6 个环比速度,即 $x_1 \ 、x_2 \ 、x_3 \ 、x_4 \ 、x_5 \ 、x_6$,最初

水平 $a_0 = 49$ 件,最末水平 $a_6 = 14$ 件,则该项航材消耗的平均发展速度为

$$\overline{X} = \sqrt[6]{x_1 \cdot x_2 \cdot x_3 \cdot x_4 \cdot x_5 \cdot x_6} \times 100\%$$

$$= \sqrt[6]{0.76 \times 0.84 \times 1.63 \times 0.91 \times 0.64 \times 0.70} \times 100\%$$

$$= \sqrt[6]{0.424} \times 100\%$$

$$= 89.83\%$$

这表明该项航材的消耗总体上呈现出负增长的趋势。

(2) 平均增减速度。平均增减速度是表示逐期递增或递减的平均速度。因为逐期增长速度的乘积并不等于定基增长速度,所以,平均增长速度不能直接根据增长速度来计算,而必须用平均发展速度减去 1 或 100% 来求得,即

$$\text{平均增减速度} = \text{平均发展速度} - 1(\text{或 } 100\%) \tag{4-25}$$

平均增减速度可能是正值,也可能是负值。正值表明航材供应中的一些具体现象在一定阶段内逐期平均增长的速度;负值表明逐期平均递减的程度。

在对航材现象的平均速度进行分析时,要综合考虑航材现象的平均发展速度和平均增减速度,只有这样才能全面反映航材供应中的真实情况。

4.2　航材统计中的相关分析

4.2.1　相关关系概述

1. 特点

相关分析是研究相关关系的,相关关系是客观现象之间相互关系的一种形式。影响航材消耗的影响因素很多,通过相关分析可以确定哪些是与其消耗密切相关的因素。相关分析有以下两个特点,这两个特点也是理解相关关系的两个要点。

1) 相互依存关系

相关关系是指现象之间确实存在数量上的相互依存关系,也就是说,两个现象之间,一个现象发生数量上的变化,另一个现象也会相应地发生数量上的变化。在航材保障中,这类现象是很多的,例如,大型飞机消耗的器材比小型飞机一般来说要多一些;增加经费的投入,良好率就会相应的提高;维护能力的提高,相应地会使器材消耗下降,经费得到节省,军事效益增加。

在具有相互依存关系的两个变量之中,作为根据的变量称为自变量,发生对应变化的变量称为因变量。例如,机型、经费、维护能力等就是自变量,器材消耗、良好率、军事效益等则是因变量。自变量一般用 x 代表,因变量用 y 代表。

有时候,两个现象是可以互为根据的。例如,机型是消耗器材多少的根据,也可以说器材消耗多少是机型的根据。在这种情况下,则要根据研究目的来确定哪个是自变量,哪个是因变量。

2)关系值不固定

现象之间数量依存关系的具体关系值不是固定的。例如,大型飞机可以消耗很多的器材,但大型飞机由于机种不一样,消耗的器材多少也是有很大的区别;重型轰炸机和重型运输机,在表现中也有很大的差距。又如,增加同样多的经费,但各个地区和机种其良好率的增加并不相同。之所以发生这种情况,是因为影响因变量发生变化的不止这一个因素,还有许多其他因素。例如,影响良好率的还有飞行任务量、飞行人员的技术水平,维护质量、维护水平,以及自然环境、场道情况等因素。即使许多重要因素的条件都相同,也还有许多偶然性因素在发生影响。但是,不管有多少其他的因素在同时影响良好率的变化,经费的增减都是最重要的一个因素。

综上所述,相关关系是指现象之间确实存在的、关系值不固定的相互依存关系。

2. 种类

根据研究方法的不同,相关关系可以分为以下几种。

1)单相关和复相关

根据涉及的因素多少,相关关系可以分为单相关和复相关。两个因素之间的相关关系称为单相关,就是说研究时只涉及一个自变量和一个因变量。两个以上因素的相关关系称为复相关,就是说研究时涉及两个或两个以上的自变量和一个因变量。例如,同时研究经费的投入、维护质量、场道条件与良好率之间的关系,就称为复相关。

2)直线相关和曲线相关

根据表现形态的不同,相关关系可以分为直线相关和曲线相关。相关关系是一种数量关系上不严格的相互依存关系。如果这种关系近似地表现为一条直线,则称为直线相关。如果这种关系近似地表现为一条曲线,则称为曲线相关。曲线相关也有不同的种类,如抛物线、指数曲线、双曲线等。

相关关系表现为直线或是某一种曲线,这是现象本身所固有的而不是外加的。现象表现为哪一种相关关系,就要用哪一种分析方法。

3)正相关和负相关

按照变化的方向不同,相关关系有正相关和负相关。自变量的数值增加,因变量的数值也相应地增加,这叫正相关。例如,保障机型越大,消耗的器材也就越多;投入的经费越多,良好率也相应增加的越多;等等。自变量数值增加,因变量数值相应减少;或者自变量数值减少,因变量数值相应增加,这叫负相关。例如,在投入经费不变的情况下,若保障的飞机架次增加,则平均每架次的保障费用降低、单机消耗下降、军事效益和经济效益提高等。

3. 主要内容

对客观现象具有的相关关系进行分析研究称为相关分析,分析所用的方法则称为相关分析法。相关分析的目的是帮助研究人员对关系的密切程度和变化的规律性有一个具体的数量上的认识,以便对改进工作作出某种判断,并可用于各种推算和预测。相关分析的主要内容如下。

1)确定现象之间有无关系及表现形式

确定现象之间有无关系,确定相关关系的表现形式是相关分析的出发点。有相互依存关系才能用相关方法进行分析,没有关系而当作有关系会使认识发生错误。相关关系表现为什么样的形式就需要使用什么样的方法进行分析,如果把曲线相关当作直线相关或者把直线相关当作曲线相关来进行分析,都会使认识发生偏差。

2)确定相关关系的密切程度

相关关系是一种数量关系不严格的相互依存关系,相关分析的一个目的就是从这种不严格的关系中利用一些方法来判断它们之间关系的密切程度。显然,关系不密切,就不必太重视它;关系密切就要重视它,并据以进行推算和预测,这样就会比较准确。

判断相关关系密切程度的主要方法是绘制相关图和计算相关系数。相关图能帮助研究人员做一般性判断,相关系数则能从数量上明确说明关系的密切程度。

3)测定两个变量之间一般的关系值

自变量和因变量的数量关系是不严格的,自变量发生变化,会有许多个因变量的数值和它相对应。相关分析的一个目的就是要测定它们之间的一般性关系。自变量改变一定量时,因变量发生多大数量上的变化,可以通过函数关系的近似表达式来反映。这种近似表达式通常称为经验公式。

进行相关分析时要使用数学方法。如果现象之间的关系表现为直线相关,则采用拟合直线的方法;如果现象之间的关系表现为各种曲线,则用拟合曲线的方法。使用这种方法能找到现象之间相互依存关系的数量上的规律性,而这是进行判断、推算、预测的根据。

4)判断因变量估计值的可靠性

测定因变量估计值和实际值之间的差异,是用来反映因变量估计值的可靠性。使用拟合直线或拟合曲线的方法可以找到现象之间一般的变化关系,即自变量改变时因变量一般地会发生多大的变化。根据这个一般的数量关系可以得到若干个因变量的估计值,这个估计值与实际值是有出入的。出入小表示估计得准确,出入大则表示估计不够准确。从认识上讲需要知道这种准确程度有多大。用来反映因变量估计值准确程度的指标,称为估计标准误差。

4. 相关关系与其他关系的区别和联系

为了进一步理解相关关系,需要说明一下它与其他关系的区别和联系。

1) 相关关系和函数关系的区别与联系

函数关系也是指两个变量之间存在的相互依存关系,但是它们之间的具体关系值是固定的。就是说,自变量发生变化,则因变量有一个确定的值和它对应。例如,圆面积 $= \pi r^2$。π 是一个常数,r 是圆的半径。r 的值发生变化,则有一个确定的圆面积的值和它相对应。又如,器材消耗金额=单价×器材消耗量。在器材价格不变的条件下,器材消耗量发生变化,则有一个确定的器材消耗金额和它对应。

相关关系和函数关系也是有联系的,由于存在观察或测量误差,函数关系在实际中往往通过相关关系表现出来。在研究相关关系的时候,又常常要使用函数关系的形式来表现它,以便找到相关关系的一般数量表现形式。

2) 相关关系和因果关系的区别与联系

许多相关关系是由于因果关系而产生的,如经费投入量和良好率,维护能力与器材消耗、经费利用率及军事效益等。但也包括互为因果的关系,同时还包括非直接的因果关系。所以,相关关系的概念比因果关系的概念要广泛。但是,这种关系必须是客观存在的真实的关系,不是主观想象的关系。

相关关系只是客观现象之间相互关系的一种形式,相关分析也只是分析研究相互关系的一种方法。除此之外,现象的相互关系还包括比例关系、平衡关系等,分析方法包括分组法、因素分析法、平衡法等方法。

4.2.2 相关图和相关表

1. 现象之间关系的判断

要分析现象之间相关关系,首先要判断现象之间有没有关系、有什么样的关系,主要有两种以下方法。

1) 根据对客观现象的定性认识判断

现象之间有没有关系、有什么样的关系,这是一种质的规律性。对于这种质的规律性的认识属于定性认识。从认识的一般顺序来讲,只有在定性判断的基础上才能够进行定量的分析和判断。定性认识要求研究者要具有一定的理论知识、专业知识、实际经验和分析研究能力,不具有专门知识和经验的人很难在专业领域内使用相关方法。例如,生物学家可以熟练地使用相关方法研究生物现象领域内的相关关系,但他不一定知道在航材现象领域内怎样使用相关方法,除非他同时具有航材知识和实践经验。而且,研究者具有什么样的理论和专业观点,就会产生什么样的定性认识。根据定性认识进行判断,这是判断相关关系主要的方法。

2)根据相关图与相关表判断

相关图或相关表的方法来帮助判断。有时,对于现象之间的关系不一定能作出准确的判断,估计现象之间有关系,但又不能十分肯定,也不知道是什么样的关系,关系密切不密切。这时,可以根据统计资料画出相关图或编制相关表,这有助于作出判断。

在相关分析中,关系的判断是非常重要的,如果判断错了,自变量和因变量及其关系定得不对,那么后面所有的计算、分析全都不准确。

2. 简单相关表和相关图

相关分析需要若干个自变量与因变量的对应资料,而且这类资料要有一定的数量,并据此编制一张统计表,称为简单相关表。例如,某种机床的使用年限和它的维修费用之间是有相关关系的,其相关表如表 4-23 所列。

表 4-23　机床使用年限与维修经费相关表

序号	机床使用年限 x/年	年维修费 y/元
1	2	400
2	2	540
3	3	520
4	4	640
5	4	740
6	5	600
7	5	800
8	6	700
9	6	760
10	6	900
11	8	840
12	9	1080

从表 4-23 可以看出,随着机床使用年限的增加,维修费有增多的趋势。根据相关表可以绘制相关图,以便更明显地看出相关关系的趋势。

相关图称为散布图或散点图,是根据原始数据而画的图。这种图将原始的对应数值在坐标图上用点画出来,以表明相关点的分布状况。一般地,x 轴代表自变量,y 轴代表因变量。通过相关图可以大致看出两个现象之间有没有关系,是什么样的关系,密切程度如何。根据表4-23中的资料绘制相关图,如图4-1所示。

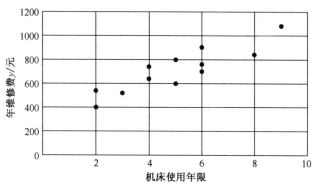

图4-1　机床使用年限与维修经费相关图

从图4-1可以看出,机床使用年限和维修费用的关系虽然不十分严格,但有直线相关的趋势,而且大致可以看出关系比较密切。

如果和某个现象相关的因素不止一个,可以分别绘制多个相关图,从相关图的对比中,大致可以看出该现象与各个因素关系的大小,从中判断出哪个是主要因素,哪个是次要因素。

3. 分组相关表和相关图

如果原始资料很多,以此为根据编制的简单相关表会很长,使用起来不方便。同时,相关点太多,相关图也不好绘制。针对这种情况,可以编制分组相关表。分组相关表就是将原始数据进行分组而编制的相关表。根据分组的情况不同,分组相关表包括单变量分组表和双变量分组表两种。

1) 单变量分组表

具有相关关系的两个变量中,只根据一个变量进行分组,另一个变量不进行分组,只是计算出次数和平均数,这种表称为单变量分组表。例如,轮胎保障飞行起落数与完成定额任务率的分组相关表就是单变量分组表,如表4-24所列。

表4-24　轮胎保障飞行起落数与完成定额任务率分组相关表

轮胎保障飞行起落数/轮胎/副	机组数/个	平均完成定额任务率/%
10~15	1	41.7
15~20	3	58.3
20~25	14	75.0
25~30	35	91.7
30~35	40	108.3
35~40	27	125.0
—	100	—

如果将 100 个机组顺次排列就是简单相关表,而如果将机组只按保障起落次数分组或这只按完成定额任务率分组,即为单变量分组表。单变量分组表可以是组距式的分组表,也可以是单项式分组表。单变量分组表是实际工作中使用得较多的一种,它能够使资料简化,并且能够反映出两个现象的相互依存关系。

单变量分组表与简单相关表不同的是,它在计算相关系数等指标的时候,因为每个组代表的原始资料数目不同,所以要采用加权方法。

单变量分组表可以反映出关系的趋势,根据表 4-24 绘制的关系图如图 4-2 所示。

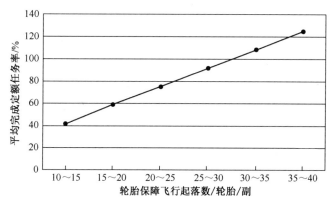

图 4-2　轮胎保障飞行起落数与完成定额任务率关系图

从图 4-2 可以看出,随着轮胎保障飞行起落数增加,完成定额任务率直线上升,两者表现为直线相关。

2)双变量分组表

双变量分组表是自变量和因变量都进行分组而编制的相关表,下面根据表 4-24 的资料做双变量分组表,如表 4-25 所列。

表 4-25　轮胎保障飞行起落数与机组相关表

按轮胎保障飞行起落数/轮胎/副分组	按机组数分组							
	5 以下	5~10	10~15	15~20	20~25	25~30	35~40	合计
10~15	1							1
15~20	3							3
20~25			14					14
25~30							35	35
30~35							40	40
35~40						27		27
合计	4		14			27	75	120

89

利用表 4-25 的资料绘制轮胎保障飞行起落数与机组数量的相关图,如图 4-3 所示,可以看出,当轮胎保障飞行起落数到一定值后,其机组数是直线下降的,最后为零。

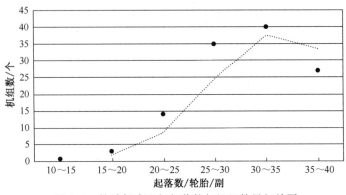

图 4-3　轮胎保障飞行起落数与机组数量相关图

从表 4-25 和图 4-3 中大体上可以看出,机组数与轮胎保障飞行起落数具有直线正相关关系,但到达最高点后为直线负相关关系。

4.2.3　相关系数

1. 作用和计算方法

相关图有利于了解相关关系,但这只是初步的判断,是相关分析的开始。为了说明现象之间相关关系的密切程度,还需要计算相关系数。相关系数是在直线相关条件下,说明两个现象之间相关关系密切程度的统计分析指标。

根据相关表的资料,先计算自变量数列的标准差、因变量数列的标准差及其协方差,然后再根据这三个指标计算相关系数。

1)相关指标计算公式

(1)自变量数列的标准差为

$$\sigma_x = \sqrt{\frac{\sum\limits_{i=1}^{n}(x_i - \bar{x})^2}{n}} \tag{4-26}$$

式中:σ_x 为自变量数列的标准差;x_i 为自变量及其变量值 $x_1, x_2, \cdots, x_n$;$\bar{x}$ 为自变量数列的平均值 $\bar{x} = \dfrac{\sum\limits_{i=1}^{n} x_i}{n}$,$n$ 代表自变量数列的项数。

(2)因变量数列的标准差为

$$\sigma_y = \sqrt{\dfrac{\sum\limits_{i=1}^{n}(y_i - \bar{y})^2}{n}} \qquad (4-27)$$

式中：σ_y 为因变量数列的标准差；y_i 为因变量及其变量值 $y_1, y_2, \cdots, y_n$，$\bar{y}$ 为因

变量数列的平均值 $\bar{y} = \dfrac{\sum\limits_{i=1}^{n} y_i}{n}$，$n$ 代表因变量数列的项数，它和自变量数列的项

数相等。

（3）两个数列的协方差为

$$\sigma_{xy}^2 = \dfrac{1}{n}\sum_{i=1}^{n}(x_i - \bar{x})(y_i - \bar{y}) \qquad (4-28)$$

式中：σ_{xy}^2 为两个数列的协方差；$x_i - \bar{x}$ 为自变量数列各变量值与平均值的离差，
$y_i - \bar{y}$ 为因变量数列各变量值与平均值的离差。

（4）相关系数。根据上述三个指标计算相关系数，相关系数通常用 γ 代表，
计算公式如下：

$$\gamma = \dfrac{\sigma_{xy}^2}{\sigma_x \sigma_y} = \dfrac{\dfrac{1}{n}\sum\limits_{i=1}^{n}(x_i - \bar{x})(y_i - \bar{y})}{\sqrt{\dfrac{1}{n}\sum\limits_{i=1}^{n}(x_i - \bar{x})^2}\sqrt{\dfrac{1}{n}\sum\limits_{i=1}^{n}(y_i - \bar{y})^2}} \qquad (4-29)$$

即：

$$\gamma = \dfrac{\sum\limits_{i=1}^{n}(x_i - \bar{x})(y_i - \bar{y})}{\sqrt{\sum\limits_{i=1}^{n}(x_i - \bar{x})^2 \sum\limits_{i=1}^{n}(y_i - \bar{y})^2}} \qquad (4-30)$$

2）算例分析

利用表 4-23 中的资料，设计相关关系的计算表，如表 4-26 所列。

表 4-26　相关系数计算表

序号	机床使用年限 x_i/年	维修费 y_i/元	$x_i - \bar{x}$	$y_i - \bar{y}$	$(x_i - \bar{x})^2$	$(y_i - \bar{y})^2$	$(x_i - \bar{x})(y_i - \bar{y})$
1	2	400	−3	−310	9	96100	930
2	2	540	−3	−170	9	28900	510
3	3	520	−2	−190	4	36100	380
4	4	640	−1	−70	1	4900	70
5	4	740	−1	−30	1	900	−30

序号	机床使用年限 x_i/年	维修费 y_i/元	$x_i - \bar{x}$	$y_i - \bar{y}$	$(x_i - \bar{x})^2$	$(y_i - \bar{y})^2$	$(x_i - \bar{x})(y_i - \bar{y})$
6	5	600	0	−110	0	12100	0
7	5	800	0	90	0	8100	0
8	6	700	1	−10	1	100	−10
9	6	700	1	50	1	2500	50
10	6	900	1	190	1	36100	190
11	8	840	3	130	9	16900	390
12	9	1080	4	370	16	136900	1480
合计	60	8520	—	—	52	379600	3960

计算表中包括五列需要计算的资料:两列离差,两列离差平方,一列离差乘积。根据计算表,按以下步骤计算。

（1）计算两个数列平均值:

机床平均使用年限为

$$\bar{x} = \frac{\sum\limits_{i=1}^{n} x_i}{n} = \frac{60}{12} = 5 \text{ (年)}$$

平均每台机床维修费为

$$\bar{y} = \frac{\sum\limits_{i=1}^{n} y_i}{n} = \frac{8520}{12} = 710 \text{ (元)}$$

（2）计算自变量数列的标准差:

$$\sigma_x = \sqrt{\frac{1}{n} \sum\limits_{i=1}^{n} (x_i - \bar{x})^2} = \sqrt{\frac{1}{12} \times 52} = 2.0817$$

（3）计算因变量数列的标准差:

$$\sigma_y = \sqrt{\frac{1}{n} \sum\limits_{i=1}^{n} (y_i - \bar{y})^2} = \sqrt{\frac{1}{12} \times 379600} = 177.8576$$

（4）计算协方差:

$$\sigma_{xy}^2 = \frac{1}{n} \sum\limits_{i=1}^{n} (x_i - \bar{x})(y_i - \bar{y}) = \frac{1}{12} \times 3960 = 330$$

（5）计算相关系数:

$$\gamma = \frac{\sigma_{xy}^2}{\sigma_x \sigma_y} = \frac{330}{2.0817 \times 177.8576} = \frac{330}{370.25} = 0.8913$$

如果用简化公式计算,则后四个步骤可以合并,直接将计算表上的数字代入计算公式:

$$\gamma = \frac{\sum_{i=1}^{n}(x_i - \bar{x})(y_i - \bar{y})}{\sqrt{\sum_{i=1}^{n}(x_i - \bar{x})^2 \sum_{i=1}^{n}(y_i - \bar{y})^2}} = \frac{3960}{\sqrt{52 \times 379600}} = \frac{39600}{4442.9} = 0.8913$$

2. 密切程度的判断

相关系数的取值范围为$-1 \leqslant \gamma \leqslant +1$。计算结果带有负号表示负相关,带有正号表示正相关。

相关系数γ的数值越接近于1(+1或-1),则说明相关关系越强;越接近于0,则说明相关关系越弱。

相关关系密切程度的判断标准一般划分为以下四级:

(1)相关系数γ数值在0.3以下为无相关;否则为有相关;

(2)0.3~0.5为低度相关;

(3)0.5~0.8为显著相关;

(4)0.8以上为高度相关。

计算相关系数的原始数据样本容量越大,可信程度越高。例如,样本容量在50个以上,计算时依据的资料较多,关系程度是可以相信的。否则,如果资料太少,则可信程度会降低。

3. 相关点的判断

下面结合相关图来说明相关系数公式中各个部分的含义,如图4-4所示。

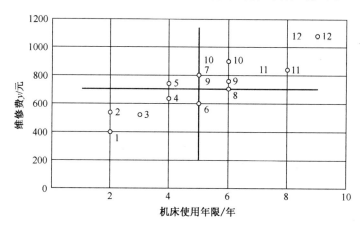

图4-4　机床使用年限与维修经费相关图

相关图中的两条线代表两条平均线,一条是自变量数列的平均线($\bar{x} = 5$

93

年），一条是因变量数列的平均线（$\bar{y}$ = 710 元）。有这两条线，就便于对每个点进行判断。

1）正相关、负相关和零相关的判断

首先，将两个平均值作为标准，判断每个相关点是正相关、负相关还是零相关。

如果 $x_i > \bar{x}$ 时对应的 $y_i > \bar{y}$，这说明这个点属于正相关，相关表和相关图上的 9、10、11、12 四个点属于这种情况。在这种情况下，$(x_i - \bar{x})(y_i - \bar{y})$ 的乘积为正数。

如果 $x_i < \bar{x}$ 时对应的 $y_i < \bar{y}$，说明这个点也是正相关，相关表和相关图上的 1、2、3、4 四个点属于这种情况。这种情况下 $(x_i - \bar{x})(y_i - \bar{y})$ 的乘积也是正数。

如果 $x_i < \bar{x}$ 时对应的 $y_i > \bar{y}$，说明这个点属于负相关，相关图和表上的 5 点属于这种情况。这种情况下 $(x_i - \bar{x})(y_i - \bar{y})$ 的乘积是负数。

如果 $x_i > \bar{x}$ 时对应的 $y_i < \bar{y}$，说明这个点也是负相关，相关图和表上的 8 点属于这种情况，这种情况下 $(x_i - \bar{x})(y_i - \bar{y})$ 的乘积是负数。

当 $x_i = \bar{x}$ 时或 $y_i = \bar{y}$ 时，$(x_i - \bar{x})(y_i - \bar{y})$ 的乘积为 0，说明这个点属于零相关。相关图和相关表上的 6、7 点属于这种情况。

所以，根据 $(x_i - \bar{x})(y_i - \bar{y})$ 的乘积为正数、负数或零，可以判断各相关点是属于正相关、负相关或零相关。

2）相关形式的判断

根据离差乘积总和判断两个现象属于哪一种相关形式。每个相关点都根据离差乘积 $(x_i - \bar{x})(y_i - \bar{y})$ 作出判断之后，将它们的乘积加总起来，有以下几种情况：

（1）所有点全是正相关，则加总的结果为正数。这说明两个现象属于正相关；

（2）所有点全是负相关，则加总的结果为负数。这说明两个现象属于负相关；

（3）所有的点既有正相关，又有负相关，也可以有零相关。这说明两个现象之间的关系有一定的混乱。加总的结果正数和负数会发生抵消。抵消的结果如为正数则是正相关，如为负数则是负相关。数值大表示关系强，数值小表示关系弱。如果全部抵消掉了，结果为 0，则表示是零相关。

这种相互抵消一部分的情况是最多的，上述例子就是这样。12 个相关点中 8 个正相关，2 个负相关，2 个零相关，加总以后抵销的结果是 3960。

当然，也可能有一种极端的情况，所有的相关点全是零相关，则加总的结果

94

为 0,表示两个现象完全没有依存关系。

综上所述,根据离差乘积总和 $\sum(x_i - \bar{x})(y_i - \bar{y})$ 可以判断两个现象属于哪一种相关形式,而且数值大表示关系密切,数值小表示关系不密切。

4.2.4 相关分析的作用

相关分析具有非常重要的作用,主要包括以下三个方面。

1. 相关分析有利于提高对现象之间相互依存关系的认识

相关分析有利于提高对现象之间相互依存关系的认识,使对这种关系的认识由定性进入定量,这样对航材事物的认识就会更具体、更深入。通过相关图、相关系数、回归直线等方法,可以帮助研究人员判断现象之间有没有关系,密切程度如何,哪些因素是主要的,哪些是次要的;一个现象的数量发生变化,另一个现象将会对应地发生什么样的变化;等等。而且所有这些内容全是用数量表示出来的,这就使人们对客观现象之间关系的认识具体化。这样在根据实际情况作出某种判断时,就可以有一个基本的依据,因为所依据的数据是一些有规律性的数据。

2. 相关分析可用于预测航材需求

相关分析的主要作用之一是预测航材需求,即根据过去的实际资料所进行的概括和总结,当找到它们之间数量变化关系上的规律性时,就可以用于推测未知的情况和预测未来的情况。例如,根据机床使用年限和维修费的实际资料,研究人员总结出了它们之间关系的规律性,表现为直线相关方程 $y_c = 329.25 + 76.15x$。根据这个方程可以推算使用 7 年、10 年的机床的维修费用。

$$y_7 = 329.25 + 76.15 \times 7 = 862.3 \,(\text{元})$$

$$y_{10} = 329.25 + 76.15 \times 10 = 1090.75 \,(\text{元})$$

应用相关分析进行预测还有另一个方法,就是根据时间数列确定线性回归方程,根据这个方程直接外推进行预测。

3. 相关分析可用于补充缺少的资料

相关分析可用于补充缺少的资料,不过不是用于预测未来,而是推算过去缺少的资料。

例如,两个条件大致相近的地区,甲地区有某个指标 30 年的资料,乙地区只有 20 年的资料,中间缺少 10 年的资料。可以根据两个地区 20 年的资料找出直线回归方程,然后根据甲地区其余 10 年的资料推算出乙地区缺少的 10 年的资料。当然,也可以根据乙地区 20 年的资料作出时间数列的线性回归方程,然后根据这个线性回归方程推算出其余 10 年的资料。这种方法通常称为内插法。

第 5 章
航材统计预测和业务决策概述

5.1 航材统计预测

5.1.1 统计预测的特点与作用

1. 统计预测的特点

任何事物的发展都有它的过去、现在和未来,也都受到各种因素的约束。一般说来,事物未来的发展是不确定的,但大都有某种规律可循,所以可以根据事物迄今为止发展的规律性来预计或推测其未来。例如,根据某项航材的消耗规律,预测其未来的消耗趋势。

航材统计预测是研究如何以大量统计资料为依据,用各种统计方法取得比较准确的预测结果的原则和方法,要求对预测的准确性进行检验,对预测的误差进行分析和控制。

统计预测合理性的评估可以从以下几个方面考虑。

(1) 应对统计分布进行非参数检验,以评估其适用性。虽然限于目前样本容量较小而假设寿命一般服从指数分布、需求服从泊松分布,但是也应研究其他统计分布的使用方法及其非参数检验方法,以更全面而准确地掌握航材的消耗规律。如果是采用时间序列预测法进行预测,那么就需要选择一种或多种误差性能指标(如绝对误差、相对误差、均方误差、平方和误差等)进行评估。

(2) 应对每一项航材需求预测的结果满足实际需求的程度进行评估。该评估可以在模型中实现,例如利用满足率达到 90% 以上作为目标函数,那么所计算出的结果本身就已经表明了满足实际需求的程度。也可以通过保障案例,将预测结果与实际对比,说明方法的合理性。

(3) 通过 Opus10 等仿真工具进行验证。

2. 统计预测的作用

作为一种科学的方法,航材统计预测被广泛地应用于航材保障工作中,其主要作用如下。

1）为航材管理决策提供科学的依据

航材预测可以对航材工作现象的未来发展作出科学的分析,这种分析是作出航材管理决策不可缺少的。没有这种预测就会产生盲目性,造成经费的不足或浪费、器材的紧缺或积压。

首先,航材统计预测能够使经费使用更加高效。近几年,部队装备建设进入快速发展阶段,航空装备体系发生了巨大变化,装备呈现出多机种、多机型、小批量、小规模的态势。训练科目与实战贴近,训练强度加大,目前作战效能评估、战法演练、体系对抗等重大任务大量开展,电子对抗、火控系统等频繁使用,使得过去较少发生消耗的雷达、火控系统等航材的消耗大大增加。此外,随着航空装备制造、设计技术的进步,航材越发技术复杂、集成度高、价格昂贵,使得貌似巨大的航材保障经费变的日益捉襟见肘。在当前航材总体经费有限的情况下,对各机型航材经费需求测算的精确性要求更高,航材经费分配的稍不合理,都会造成一些航材积压浪费,而另一些航材紧缺的情况。新型航空装备配备部队时间较短,航材保障经验数据缺乏,消耗规律掌握不够,导致航材经费需求的测算难度较大,通过航材统计预测制定的航材消耗或周转标准(定额),可以为航材经费需求的测算提供最直接、最可靠的技术支持。

然后,航材统计预测能够使库存控制更加合理。在航材保障过程中,随着航材的消耗,航材的库存数量逐步降低,当航材库存量降低到一定点时,就需要进行补充订货,否则就会影响下一阶段的航材保障,甚至于造成缺材停飞的严重后果;而补充订货航材的总量不宜过大,否则又会导致库存航材的积压呆滞。而航材的种类繁多,性质各异,消耗也存在很大的偶然因素,同一个单位的同一种航材不同年度的消耗可能相差几倍。因此,各级航材保障部门在控制航材库存储备规模方面存在很大的困难,没有一个可以参照的标准,航材储备规模的控制也不甚理想,表现在航材保障上就是航材周转率较低,存在一定比例的库存呆滞。通过航材统计预测制定的库存限额标准,明确了各机型航材应有的库存限额,为各级航材保障部门控制本级航材库存储备规模和结构优化提供了参照标准。

2）为编制航材保障计划提供依据

航材管理部门在制订航材保障计划时,需依据航空装备实力规模、维修器材消耗和周转标准等。航材统计预测一般是以提高航材科学化、精确化和精细化保障管理水平为目标,通过全面分析影响和制约航材保障综合效能的各类因素及主客观条件,综合考虑装备保障任务、保障目标、保障范围等边界条件,构建科学的数理统计、时间序列或者回归分析预测模型,以为制订航材保障计划,提高航材保障效益提供科学依据。

通过航材统计预测,研究人员对事物的未来发展可以有比较科学的预见,做到目标明确、任务具体,制定出来的航材保障计划就比较切实可行。

3)为航材统计工作本身的发展开拓了一个新的领域

统计预测把统计工作从总结历史资料的传统领域扩大到面向未来的新领域,把统计工作的服务作用和监督作用提高到一个新的水平。

在充分肯定航材统计预测重要作用的同时,也要看到其局限性。由于在航材领域中影响事物未来发展的因素很多,有主观方面的,也有客观方面的,很难加以准确的判断。特别是紧急情况的出现,对航材保障工作影响很大,但在航材统计预测模型中是很难对它作出判断的,这样就往往会造成预测的失真。此外,有时由于所掌握的资料不够准确和完整,或所用的方法不够恰当,也会影响预测的准确性。因此,航材统计预测模型需要在实践中不断研究和改进,以缩小预测误差,提高预测的准确性。

5.1.2　统计预测的分类、原则与步骤

1. 统计预测的一般分类

统计预测一般分为以下几类。

1)定性预测与定量预测

定性预测是一种直观预测,多采用调查研究的方式进行。这种预测虽也有数量内容,但其目的主要不在于准确地推算具体数字,而在于判断事物未来的发展方向。定量预测则使用统计方法,利用大量统计资料进行推算。这种推算可以使用数学模型,也可以不用数学模型。

2)静态预测与动态预测

静态预测是在一定时间上对事物之间因果关系的预测,而动态预测则是对事物未来发展的预测,即动态外推预测。这两种预测的结合,就是因果关系动态外推预测。

3)时间序列预测、回归预测和投入产出预测

在用数学模型进行的定量预测中,按所用模型的不同可分为时间序列预测(即动态外推预测)、回归预测(因果关系的静态预测和动态外推预测)及投入产出预测(静态预测和动态预测)三种。

4)长期预测与短期预测

在航材预测中,按预测时间长短可分为近期预测(1年以内)、短期预测(1~2年)、中期预测(2~5年)及长期预测(5年以上)几种。

2. 统计预测的原则

统计预测中的定量预测一般采用模型外推法,该方法有两条重要的原则:一是连贯的原则;二是类推的原则。所谓连贯的原则,是指事物的发展是按一定规律进行的,在其发展过程中,这个规律贯彻始终,不应受到破坏,它的未来发展与其过去和现在的发展没有什么根本的不同。所谓类推的原则,是指事物必须有某种结构,其升降起伏变动不是杂乱无章的,而是有章可循的。事物变动的这种结构可用数学方法加以模拟,根据所测定的模型,类比现在,预测未来。

根据以上两条原则可知,航材统计资料的稳定结构是进行统计预测的必要条件。在准备使用统计方法进行预测时,必须对大量统计资料进行认真的审核,查明有没有可以使用某种模型测定的稳定结构。如果航材统计资料没有一定的结构,或者虽有结构但很不稳定,经常出现突然变化的资料,都是很难作为依据进行预测的。

3. 统计预测的步骤

航材统计预测一般包括以下几个步骤。

1)收集资料

根据预测目的,广泛收集资料。预测目的要明确、具体,密切联系实际需要,然后广泛收集历史资料和现实资料。

2)初步分析

审核和调整所掌握的统计资料,并进行初步分析。对所收集到的统计资料要进行认真的审核,对不完整的和不适用的要进行必要的推算和调整,以保证资料的准确性、系统性、完整性和可比性。对经过审核和调整的资料要进行初步分析,画成统计图形,从图形上观察资料结构的性质,作为选择适当方法的依据。

3)建立预测模型

建立适当的预测模型,并选择适当的模型求解方法。统计预测模型是多种多样的,适用于不同的预测对象。这里所说的模型求解方法,指的是估算模型中参数值的方法。这种方法也有若干种。每种预测模型可以使用不同的求解方法,一种求解方法也可以用于不同的预测模型。因此,对一个特定资料的统计预测,既有选择适当的预测模型问题,也有选择适当的模型求解方法问题。

4)进行预测

根据所掌握的资料,利用所建立的统计预测模型,先计算出模型中的参数值,然后利用已具体化的模型进行预测。

5)分析预测误差和改进预测模型

观察值与所对应的预测值的离差,就是预测误差。预测误差的大小反映预测的准确程度,如果预测误差过大,就需要检查各种影响因素是否发生了显著的变化。如果有明显变化,就要针对实际情况,改进预测模型;否则,就需要改进模型,提高预测的准确性。

5.1.3 统计预测模型参数估计的基本方法

1. 最小平方法

最小平方法用于统计预测的方法是:一个统计数列的预测误差平方之和达到一个最小值。

假设:

(1) x_t 为 t 期的观察值;

(2) $x_{t'}$ 为 t' 期预测值;

(3) $e_t = x_t - x_{t'}$ 为 t 期预测误差;

(4) S 为预测误差平方之和,即

$$S = \sum_{t=1}^{t} e_t^2 = \sum_{t=1}^{t} (x_t - x_{t'})^2$$

则最小平方法的目标函数为

$$\min S = \sum_{t=1}^{t} e_t^2 \qquad (5-1)$$

用最小平方法计算出的参数估计值所形成的方程式,是观察资料的最佳拟合曲线。

2. 折扣最小平方法

用最小平方法虽然可以寻找到统计数据的最佳拟合曲线,但在外推预测中却存在着一个严重的缺点,即它把近期误差与远期误差同等看待,用的是预测误差平方的简单总和。实际上,对统计预测来说,近期误差比远期误差重要得多,因而正确的方法是对不同时期的误差平方加权,求误差平方的加权总和。在加权时,对近期误差平方比对远期误差平方给以较大的权数。在各种加权方法中,以指数折扣加权法最为重要。

指数折扣加权法为:对最近期的误差平方规定其权数为 $a^0 = 1$(a 是小于 1 的系数),最远期的误差平方的权数是 a^{t-1} , t 是数列时期数。在整个权数数列中, a^{t-1} 为最小,权数被打了很大的折扣,被称为折扣最小平方法,其目标函数为

$$\min S = \sum_{r=0}^{t-1} a^r e_{t-r}^2 \qquad (5-2)$$

例如,设有一个包括 5 个时期资料的观察数列,则 $t-5$,式(5-2)可写为

$$\min S = a^0 e_5^2 + a^1 e_4^2 + a^2 e_3^2 + a^3 e_2^2 + a^4 e_1^2$$

5.2 航材业务决策

5.2.1 航材业务决策的主要问题

实际工作中,航材业务决策的主要问题包括航材消耗预测方法最优决策、航材申请决策、可修航材库存决策、航材保障经费配置决策,详述如下。

1. 航材消耗预测方法最优决策

航材消耗常用的预测方法包括遗传神经网络、指数平滑法、灰色预测、组合预测等单项预测方法,但是这些单项预测方法对不同消耗规律的航材预测拟合度不同,单独采用其中一种方法的适用范围会受到很大限制,对一些器材的消耗预测误差会比较大,应该在这么多方法中选择一种误差最小的方法进行预测。航材消耗预测方法最优决策就是针对这个问题进行研究的,它采用一种决策优化模型,从各种预测方案中选择一种预测效果最优的方法,从而解决多模型多方法优化组合预测的问题。

2. 航材申请决策

航材申请是指下级航材部门根据航材现有库存不足消耗周转定额的情况,向上级航材部门申请补充订货。

航材申请决策的核心问题是航材消耗周转定额的测算,该问题基本都是单目标确定性问题。在制定航材消耗周转定额时,必须考虑到正常周转需要,也要考虑到意想不到的额外需求。在计算周转量时必须考虑订货周期、修理周期、到寿、任务携行等因素的影响。

3. 可修航材库存决策

航材保障的重点是可修航材或可修件,据统计,可修件的数量约占20%,但经费却占到90%左右。因此,可修件的库存决策是航材储备控制的重点。而消耗件一般价格便宜、采购方便,而且储备量一般比较高,基本不存在库存难以控制而影响飞行的问题。在这种情况下,可以忽略消耗件的影响,重点研究可修件的库存决策问题。库存决策主要包括基层级仓库库存结构优化、基层级仓库与基地级仓库之间库存结构优化两个方面的问题,本书就是从这两个方面对可修件的库存决策进行系统研究。

4. 航材保障经费配置决策

在航空装备全寿命保障过程中,高技术的采用使得航材的采购价格越来越高。另外,航材保障经费的投入也越来越大,而航材消耗规律复杂而难以把握,经费预测及其配置日益成为航材决策的重要问题之一。

综上所述,航材业务面临的决策问题越来越复杂,必须通过定性、定量相结合的方式来研究,仅依靠定量测算并不能为最终的决策提供可靠的依据。因为很多因素限制了定量预测的准确性。例如,统计数据是否全面、准确以及飞行科目、任务携行、地理气候等因素都会影响实际的消耗,而这些情况都需要依靠保障人员的工作经验进行定性分析,对统计数据进行甄别、勘误,针对一些因素对预测结果进行定性修正,这样才能最大限度地减小预测误差,提高预测的准确性。

5.2.2　航材业务决策的原则

在进行航材业务决策的过程中必须遵守一些基本的原则,包括最优化原则、系统原则、信息准全原则。

1. 最优化原则

航材业务决策作为一个管理过程的重要意义在于,在经费资源有限的约束条件下,任何作出的决策都应该有利于各航材保障单位实现军事效益的最大化。也就是说,航材业务决策的制定应该以追求和实现在有限经费条件下发挥出最大的航材保障效能为目标。

2. 系统原则

任何决策的制定和实施、实现都存在于某一个决策环境中。对于国民经济中的各种组织、实体来讲,他们的决策环境就是整个国民经济和整个世界经济;对于一个个体来讲,他的决策环境就是他所处的组织或实体。不论是什么样的决策环境,它们都有作为一个系统的特性,也就是系统中的各种因素相互影响和相互作用的特性,同时系统中的各种因素的变化发展都应协调的、平衡的变化发展。因此,决策的制定必然要遵守系统的原则。换句话说,决策的制定应该以追求和实现最大化的系统的价值为目标。对于航材业务决策,经常将基层级或者基地级的可修航材作为一个系统来考虑,利用系统方法对消耗或周转量进行优化,以实现整个系统的总体保障效能最大化。

3. 信息准全原则

各种先进、完备的决策技术的作用对象都是信息,航材保障工作的关键就是信息。决策信息的准确和全面是取得高质量决策的前提条件。航材业务决策可以通过航材管理信息系统获得大量的决策所需的各种业务信息,进而形成面向主题的决策信息。但是,业务数据中也包含了一些没有价值的信息,如加改装、批次到寿等导致的消耗,都是非正常消耗,对于未来的需求预测没有价值,这些都必须通过保障人员进行甄别并剔除。另外,决策问题所需要的信息实际上也很难被完全收集,如一些地理气候、飞行科目等因素的影响就无法准确量化,只能有针对性地定性修正;又如航材管理信息系统与机务管理信息系统没有交联,就导致名称、型号无法完全匹配,从而导致部分数据的缺失。总之,信息的准全对决策质量的提高起着非常重要的作用。

5.3 航材统计预测与决策常用指标

5.3.1 备件保障效能指标

常用的备件保障效能指标主要包括短缺数、满足率、正常发付率、非正常发付率等。

1. 短缺数

短缺数是指某一时间未满足供应的备件需求数。只要有一次需求不能满足,就确定为发生一件短缺。

2. 满足率

满足率是指飞机因缺航材停飞前航材供应数与航材需求数之比,即发付率。

3. 正常发付率

正常发付率是指飞机因缺件停飞前从航材仓库可立即得到的航材次数与外场航材领用申请次数之比,即正常发付的满足率。

4. 非正常发付率

非正常发付率是指飞机因缺件停飞前不通过航材仓库得到的所需航材次数(如通过紧急订货、外借、串件等)与外场航材领用申请次数之比,即非正常发付的满足率。

对航材仓库主管来说,短缺数不太直观,而且该指标对仓库主管来说价值不大,例如,一项航材历年平均发生 0.1 次短缺,其实际意义不大。因此,对仓库主管来说,他主要关心的是每次提出需求时是否能够满足,而且满足的概率对其更好地控制备件库存很有意义,所以满足率作为备件保障效能指标是非常实用的。

在利用满足率作为目标函数预测不同航材的需求时,航材满足率需达目标的确定方法分析如下。

据统计,当正常发付率高于97%～98%时,所需经费会急剧增加,3架飞机机群规模与30架飞机机群规模的经费投入几乎一样。因此,为了保持合理的库存水平,正常发付率不一定定得过高,应在90%～92%之间。为保证航材发付率达到97%～98%,必须确保非正常发付率,一般来说,非正常发付率在6%～7%以上,不得低于5%。非正常发付应通过紧急订货、外借、串件甚至与民航之间的协作和互助来保证。

根据以上分析,如果要求航材正常发付率不低于90%,其非正常发付率能够达到5%以上,则航材总的满足率即可达到95%以上,这在美军航材主管部门的实际保障工作中也是可接受的。因此,在利用满足率作为目标函数预测需求时,正常发付的满足率需要达到的目标设置为不低于90%即可。

5.3.2 装备保障效能指标

一般采用供应可用度、航材保障良好率来评估装备保障效能。

1. 供应可用度

$$供应可用度 = \frac{MTBM}{MTBM + MSD} \times 100\% \qquad (5-3)$$

式中:MTBM 为平均维修间隔时间;MSD 为备件供应平均延误时间。

使用供应可用度评估装备保障效能时,一般是寻求短缺数最低时使供应可用度达到最高,此时,系统保障效能最高的同时备件需求最优。

2. 航材保障良好率

航材保障良好率可以用来评估部队的装备保障效能,但是,它无法利用故障率等可靠性指标进行计算;而且,一般在计算航材保障良好率时,良好飞机架日统计数据中包含了机务部门串件的情况,实际的良好率要低于计算的良好率。因此,通过串件得到的良好飞机架日,并不是航材保障部门的工作业绩。所以,航材保障良好率不适合作为库存对策的目标函数。

由于供应可用度不受维修策略的影响,与无串件拼修时寻求可用度最大基本是等价的,因此,它可以代替航材保障良好率,作为库存对策的函数进行计算。

美军的相关研究中已经明确,供应可用度等装备保障效能指标主要是装备主管人员所关心的,而仓库主管人员所关心的则主要是航材满足需求的情况,所以满足率才是针对航材仓库的保障效能的合理评估指标。

综上所述,供应可用度和满足率都需要计算,计算供应可用度的目的是为了对系统保障的效能进行评估,而计算满足率的目的是为了对库存效能进行评估。

5.3.3 消耗周转定额相关指标

消耗周转定额相关指标主要包括消耗定额、消耗周转定额、周转率等。

1. 消耗定额

消耗定额是指在一定条件下,飞机完成一定飞行时间或起落,合理消耗航材的标准数量。

"合理消耗航材的标准数量"是指在最低的消耗条件下,满足飞行单位修理所消耗的航材数量。其中,"最低的消耗条件"因航材维修性不同而不同。在能够满足修理所消耗航材且消耗最低的条件下,消耗件的消耗定额即为其消耗数,周转件的消耗定额则为其周转数。周转数是指为满足航材消耗而应储备的周转库存数,它包括实有库存数、在修数,不含装机数量。

由于大部分航材的故障都是随机的,其中又有很多重要的附成件经常出现大量故障的情况,这部分航材基本都是可修件。可修件的周转数与消耗数经常相差很大。周转数主要受订货周期、送修周期的影响。例如,如果订货周期或者送修周期都小于一年,那么周转数要小于消耗数;反之,则可能大于消耗数。尤其是订货周期或者送修周期经常远小于一年,那么其实际所需的周转库存数要远小于消耗数。例如,某型液压泵每年故障数或消耗数为 10 个,年均送修周期为 45 天,那么实际只需要大约 4 个即可基本满足外场需求。根据消耗定额的定义可知,虽然根据机务大队质控室的故障数据或者航材股的发付数据所统计的消耗数为 10 个,但这并不是"最低的消耗条件下合理消耗航材的标准数量"。"最低的消耗条件下合理消耗航材的标准数量"应是 4 个,而不是 10 个。因此,该液压泵实际所需的消耗定额也应是 4 个,而非 10 个。

因此,不同航材消耗定额应根据航材维修性的不同而有所区别,即消耗件的消耗定额是指消耗掉的,而可修件的消耗定额则是指实际所需要的周转库存。

如果可修件采用消耗数作为消耗定额,按该定额进行筹措,很可能会造成大量积压。

2. 周转量限额

消耗定额是一定任务条件下一年的正常消耗量,它考虑了最低周转需求,可以确保针对正常消耗的供应过程持续不断。而周转量限额是用来在正常的消耗得到满足基础上,抵御不规则的消耗和订货等因素造成的缺件风险。

由于不确定性因素(如需求的波动性、订货期间需求率增长、到货期延误、季节变化等引起的不确定等)引起缺货,所以必须在满足一年正常消耗的基础上,再增加一定量的备件(即周转量限额)来提供必要的缓冲,以解决航材需求与各种不确定性之间的矛盾。同时,为了防止筹措过多导致积压或者筹措不足导致短缺,有必要对该周转量限定在一个范围,即

$$周转量下限 = 消耗定额 \times 0.25 \tag{5-4}$$

$$周转量上限 = 消耗定额 \times 1 \tag{5-5}$$

在应用时,还需要根据实际情况进行一定的调整。如价格较高的航材的周转量限额可以统一乘以 0.5,各机型通用且消耗量较大的航材的周转量限额可以额统一乘以 0.8,目的是在实际有限的经费保障条件下做到基本保证航材的

供应。

3. 消耗周转定额

消耗周转定额是指一个机型一个飞行团现有实力飞机,一年完成一定飞行任务或起落,同时确保航材保障良好率达到95%以上,所需航材的标准数量。

消耗周转定额的计算方法是

$$消耗周转定额=消耗定额+周转量限额 \qquad (5-6)$$

消耗周转定额的范围为

$$\begin{cases} 消耗周转定额下限=消耗定额+周转量下限 & (5-7) \\ 消耗周转定额上限=消耗定额+周转量上限 & (5-8) \end{cases}$$

订货数与消耗周转定额的关系为

$$年订货数+库存数 \in [消耗周转定额下限,消耗周转定额上限] \qquad (5-9)$$

消耗周转定额的作用:

(1)消耗周转定额下限:可以有效防止订货较少导致航材短缺。

(2)消耗周转定额上限:可以有效防止订货过多导致航材积压。

4. 周转率

周转率是年消耗量与年周转量的比值。航材周转量可以在0~100%之间取值,对其进行评估的难点在于评价周转率在什么水平合适。消耗标准和周转标准则为周转率的评价工作提供了手段,即消耗标准除以周转标准就是其合适值,实际的周转率低于此值就说明保障效能有待提高,高于此值就说明保障效能发挥较好。

第6章
航材消耗预测方法决策

航材消耗预测的理论和方法有很多,但是,它们对不同消耗规律的航材消耗预测的拟合度不同,所以这些预测方法有各自的适用范围,单独采用其中一种方法会导致对部分航材消耗预测的误差较大。因此,如何对预测方法进行综合运用、优化决策就成为进行航材消耗预测亟需解决的问题。针对航材消耗预测方法决策问题,本章所研究的主要内容包括:一是根据各种消耗影响因素,利用数理统计分析和神经网络等实现回归分析预测;二是根据历年消耗数,利用指数平滑、灰色预测等实现时间序列预测;三是根据各种单一预测方法,利用组合预测技术对各种消耗预测方法进一步优化组合,实现航材消耗的多因素、多方法的组合预测。

6.1 回归分析预测法

6.1.1 一般的回归分析预测法

1. 回归分析预测法的含义

航材的消耗影响因素很多,是典型的非线性预测问题,这类问题非常适合采用回归分析法预测。回归分析预测法是在分析现象自变量和因变量之间相关关系的基础上,建立变量之间的回归方程,并将回归方程作为预测模型,根据自变量在预测期的数量变化来预测因变量。在对航材未来消耗情况进行预测时,应先确定影响航材消耗的主要因素,然后收集和统计消耗相关数据,下一步就可以采用回归分析法进行预测了。

2. 回归分析预测法的种类

(1)依据自变量的个数不同分为一元回归分析和多元回归分析预测法。

(2)依据自变量和因变量之间相关关系的不同分为线性回归和非线性回归预测。

以上回归分析预测方法的应用非常普遍,相关的数学模型本书不作介绍。

3. 回归分析预测法的步骤

1) 根据预测目标确定自变量和因变量

明确预测的具体目标,也就确定了因变量。航材消耗预测的具体目标是下一年度的消耗量,那么消耗量就是因变量,而与该预测目标相关的影响因素即为自变量,主要包括年飞机架数、年飞行时间、年飞行架日、年起落次数、年故障率、年修理周期等,通过统计分析从中选出主要的影响因素。

2) 建立回归分析预测模型

根据自变量、因变量的历史统计数据,建立回归分析方程,即回归分析预测模型,其回归参数一般采用最小平方法进行估计。

3) 方程拟合效果评价

回归分析是对具有因果关系的各种影响因素(即自变量)和预测对象(即因变量)所进行的数理统计分析处理。当变量与因变量确实存在一定的因果关系时,建立的回归分析方程才有意义。因此,自变量与因变量是否有关、相关程度如何以及判断这种相关程度的把握性多大,是进行回归分析必须要解决的问题。

任何一组数据都可以拟合一个回归分析预测模型,但这个回归模型并不一定可以用于推断,还需要对所拟合的回归方程进行评价。通常使用相关系数描述现象间关系的密切程度,使用估计标准误差来描述方程拟合的程度,使用方差分析评价方程回归的效果。

4) 回归参数的推断

总体的模型往往只是一种理论假设,还需要利用统计推断原理对其进行参数估计与假设检验。

5) 计算并确定预测值

利用回归预测模型计算消耗预测值,并结合一线保障人员丰富的经验,对预测结果进行分析,确定最后的消耗预测值。

6.1.2 神经网络回归分析预测法

除了上述一般的回归分析预测法,也可以采用神经网络进行回归分析预测,下面主要利用神经网络中最常用的 BP 神经网络来完成航材消耗的回归分析预测。

1. BP 神经网络模型

1) 算法描述

BP 神经网络亦即误差反向传播(Back Propagation)神经网络,是一种非线性神经网络,其信号前向传播,误差反向传播,其算法的基本思路是:输入信号各层传递函数作用后到达输出层得到输出信号,如果输出信号与实际值不符,神经网络就进行反向传播,反复修正各层间的权值和阈值,直到网络全局误差最小。

Robert Hecht Nielson 已证明只有一个隐含层的 BP 神经网络,只要隐含层节点足够多,就能以任意精度逼近一个非线性函数。三层 BP 神经网络是由输入层、一个隐含层和输出层构成的前馈网络,如图 6-1 所示。

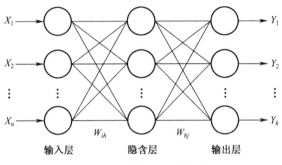

图 6-1　三层 BP 神经网络

三层 BP 神经网络的算法描述如下:

输入:第 i 层神经元数为 n_i,训练样本集 T。

输出:经过训练的神经网络。

(1) 初始化各层的权值 W 和偏差 θ。

(2) 输入训练样本:输入 T 中的一个样本 $X = (X_1, X_2, \cdots, X_{n_1})$ 和期望输出 $Y = (Y_1, Y_2, \cdots, Y_{n_3})$。

(3) 正向传播:从第 2 层开始到第 3 层,计算每层神经元的输出。设第 k 层第 j 个神经元的输出为 O_j^k,即

$$O_j^k = f\left(\sum_{i=1}^{n_{k-1}} W_{ij}(t) X_i^{k-1} + \theta_j(t) \right) \tag{6-1}$$

式中:$W_{ij}(t)$ 为 t 时刻神经元 i 与下层神经元 j 间的权值;$\theta_j(t)$ 为 t 时刻神经元 j 的偏差;X_i^{k-1} 为 t 时刻第 $k-1$ 层神经元 i 的输出。对于输入神经元来说,输出就等于输入,即 $O_j^1 = X_j$。

(4) 反向传播:从第 3 层开始到第 2 层,计算每层神经元的误差。设第 k 层第 j 个神经元的误差为 e_j^k,则输出层神经元的误差为

$$e_j^3 = O_j^3 (1 - O_j^3)(Y_j - O_j^3) \quad 1 \leqslant j \leqslant n_3 \tag{6-2}$$

隐含层神经元的误差为:

$$e_j^k = O_j^k (1 - O_j^k) \sum_{j=1}^{n_{k+1}} W_{ji}(t) e_j^{k+1} \quad k = 2, 1 \leqslant j \leqslant n_k \tag{6-3}$$

（5）修改权值和各神经元的偏差：

$$\begin{cases} W_{ij}(t+1) = W_{ij}(t) + \eta \cdot e_j^k \cdot O_i^{k-1} \\ \theta_i(t+1) = \theta_i(t) + \eta \cdot e_i^k \end{cases} \tag{6-4}$$

（6）根据给定的结束条件判断是否满足。如果满足,则算法结束,否则返回第 2 步继续执行。

2）网络结构设计

合理的选择网络结构可以加快网络的收敛速度,改善了学习速率和网络的适应能力。简单的 BP 神经网络主要由输入层、隐含层、输出层组成。其中,隐含层可以有多层,各层神经元之间通过连接权重相连接。Robert Hecht Nielson 已证明,只有一个隐含层的神经网络,只要隐节点足够多,就可以以任意精度逼近一个非线性函数。因此本书就采用三层 BP 神经网络建模,它由输入层、隐含层和输出层构成。

（1）输入层神经元的确定。BP 神经网络的输入单元就是航材消耗影响因素,所以确定输入神经元数就是确定航材消耗影响因素的数量。对于航材消耗影响因素的确定本书提出两个原则:一是应该尽量选择客观的影响最显著的、实际工作中便于统计的因素;二是尽量不使用需要人为估计的主观性因素,这是因为主观性因素的估计因人而异,对模型反而带来不确定的影响。根据部队专家和航材业务统计数据,可以确定航材消耗的相关因素主要包括年飞机架数、年飞行时间、年飞行架日、年起落次数、年起动次数、年充放电次数、年故障率、年修理周期、年报废数。

但是,不是所有因素对每一项航材的消耗都有很大影响,因此需要筛选出主要因素,剔除次要因素的干扰。可以通过主成分分析法确定权重较大的影响因素作为最终的输入神经元。

（2）隐含层和输出层神经元的确定。在三层 BP 神经网络的网络结构中,隐含层中的神经元数对 BP 网络的计算速度和准确度影响较大。在 BP 网络拓扑结构中,若要逼近有大量拐点的函数,隐含层中就要有大量的神经元;神经元数多了,网络对训练集的拟合精度很高,但是网络又过于灵活,可调节的参数过多,使得网络的推广性降低。一般设置隐含层神经元数为 $l = 2n + 1$,其中 n 为输入神经元数。输出层神经元只有一个,即历年消耗数,但是其中不能包含因到寿更换的消耗数量和加改装的数量。

3）初始权值和阈值设计

BP 算法可以获得使目标函数误差最小的网络参数,使网络达到设定精度的最佳拟合,但是,由于多层网络性能曲面具有多个局部极小点,因此不一定能产生精确逼近解的网络参数。另外，多层网络性能曲面的对称性使初始权值和阈值为0成为性能曲面的一个鞍点,同时由于S型函数对大的输入是非常平坦的,因此初始权值和阈值要尽量取较小的随机值,这样就可以在不离开性能曲面平坦区域的同时避开可能的鞍点,确保算法收敛到全局极小点。常用的处理方法是将初始权值和阈值设定在[0.1,0.5]之内,并进行多次训练,取预测结果的平均值。

4)传递函数设计

BP网络常用的传递函数是S型函数的对数和线性函数,其输出范围分别是[0,1]和任意值。为了满足非线性预测的要求,又满足网络输出的需要,隐含层一般采用S型函数的对数作为传递函数,而输出层则采用线性函数为传递函数。S型函数为

$$f(x) = \frac{1}{1 + e^{-x}} \tag{6-5}$$

2. 遗传神经网络模型

作者在进行大量测试后发现,神经网络的初始权值和阈值在[0.1,0.5]范围内随机取值时,预测结果常常有较大的波动,其原因是初始权值和阈值每次训练都有所不同,不能保证预测结果一定为全局最优解。

遗传算法具有全局搜索、种群优化的特点,利用其对神经网络进行优化,能使神经网络克服收敛速度慢和容易陷入局部误差极小点等缺点。本书所采用的BP神经网络为三层神经网络,隐含层单元数采用比较成熟的方法制定,可以满足预测精度需要。因此,本书仅利用遗传算法对神经网络的初始权值和阈值进行优化,那么,上述所建立的神经网络模型即改进为遗传神经网络模型,其算法流程如图6-2所示。

遗传算法优化BP神经网络初始权值和阈值的算法描述如下。

步骤1:参数设定。一般取种群数目为80、交叉概率为0.6、变异概率为0.001、进化代数为200、代沟为0.9。

步骤2:本书采用实数编码并生成初始种群,个体编码串长度为权值和阈值的总数量。

步骤3:由输入样本经网络传输产生对应于所有种群的网络输出。

步骤4:根据选择的适应度函数计算种群适应度。若设神经网络的能量函数为E_{SSE},由于它是极小值问题,而在确定遗传算法的适应度函数时,需要将极小值问题转化为极大值问题,故可采用的适应度函数形式是$fit = (E_{SSE} + \delta)^{-1}$。其中,$\delta$为一正的小量(如0.001),是为了避免除零的情况发生。

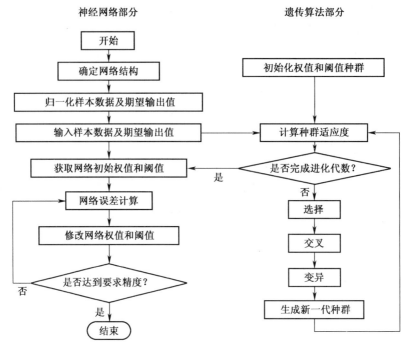

图 6-2　遗传算法优化 BP 神经网络
初始权值和阈值的算法流程

步骤 5：根据适应度在遗传空间依次进行选择、交叉和变异操作，产生新一代群体。

步骤 6：返回步骤 3，直到达到所设定的进化代数，最后获得网络的初始权值和阈值。

6.2　时间序列预测法

在社会经济现象中，许多现象会随时间的推移而发生变化。一般将依一定方式收集并按其原有时间顺序排列的一系列数据称为时间数列，以此为依据进行趋势预测的方法即为时间序列预测法。通过时间数研究，有助于掌握现象的发展趋势，认识其规律性，进而进行各种科学可靠的预测。航材消耗预测常采用的时间序列预测方法有灰色预测、指数平滑等。

6.2.1　灰色预测

新机种的航材消耗数据较少，不易统计分析出其消耗分布，但可以从年报中

112

获得历年消耗数,然后通过灰色预测等时间序列法进行预测。另外,有些航材消耗影响因素是无法统计和精确计算的,如飞行任务、飞机状态、天气、地勤保障情况等,所以航材消耗具有明显的灰色性。因此,航材的消耗可以采用灰色模型(Grey Model,GM)来预测。

灰色模型中最常用的是 GM(1,1)模型,该模型是 1 阶方程且只含 1 个变量的灰色模型,和其他很多预测方法相比它所需历史数据较少,且计算简单,是灰色预测模型中最常用的一种灰色动态预测模型。

设原始数据 $x^{(0)} = \{x^{(0)}(1), x^{(0)}(2), \cdots, x^{(0)}(n)\}$,累加生成序列 $x^{(1)} = \{x^{(1)}(1), x^{(1)}(2), \cdots, x^{(1)}(n)\}$,其计算方法为: $x^{(1)}(k+1) = \sum_{i=1}^{k+1} x^{(0)}(i)$,其中, $k = 0, 1, 2, \cdots, n - 1$。

设 a 为发展灰数, u 为内生控制灰数,构造矩阵 $\boldsymbol{B}$、$\boldsymbol{X}$:

$$\boldsymbol{B} = \begin{bmatrix} -\dfrac{1}{2}(x^{(1)}(1) + x^{(1)}(2)) & 1 \\ -\dfrac{1}{2}(x^{(1)}(2) + x^{(1)}(3)) & 1 \\ \vdots & \vdots \\ -\dfrac{1}{2}(x^{(1)}(n-1) + x^{(1)}(n)) & 1 \end{bmatrix}, \boldsymbol{X} = \begin{bmatrix} x^{(0)}(2) \\ x^{(0)}(3) \\ \vdots \\ x^{(0)}(n) \end{bmatrix}$$

则 a、u 的计算公式如下:

$$\begin{bmatrix} a \\ u \end{bmatrix} = (\boldsymbol{B}^{\mathrm{T}}\boldsymbol{B})^{-1}\boldsymbol{B}^{\mathrm{T}}\boldsymbol{X} \tag{6-6}$$

则 GM(1,1)预测模型即为

$$\hat{x}^{(1)}(k+1) = \left(x^{(0)}(1) - \frac{u}{a}\right)e^{-ak} + \frac{u}{a} \tag{6-7}$$

模型建好以后,可以采用多种方法来检验模型的可靠性,本书主要介绍后验差法。

后验差检验法需要检验两个指标:后验差比值和小误差概率。

1)后验差比值

设 k 时刻的残差 $\varepsilon^{(0)}(k) = \hat{X}^{(0)}(k) - X^{(0)}(k)$, $\bar{\varepsilon} = \dfrac{1}{n}\sum_{k=1}^{n}\varepsilon^{(0)}(k)$, $\bar{X} = \dfrac{1}{n}\sum_{k=1}^{n}X^{(0)}(k)$,则方差 $S_1^2 = \dfrac{1}{n}\sum_{k=1}^{n}(X^{(0)}(k) - \bar{X})^2$, $S_2^2 = \dfrac{1}{n}\sum_{k=1}^{n}(\varepsilon^{(0)}(k) - \bar{\varepsilon})^2$,其中, $k = 1, 2, \cdots, n$。

因此,后验差比值 C 为

$$C = \frac{S_2}{S_1} \tag{6-8}$$

2) 小误差概率

小误差概率 P 为

$$P = P\left[\,\left|\varepsilon^{(0)}(k) - \overline{\varepsilon}\right| < 0.6745 S_2\right] \tag{6-9}$$

模型的可靠性可以根据表 6-1 所列的精度等级来确定。

表 6-1 灰色预测精度等级

序号	后验差比值 C	小误差概率 P	预测精度等级
1	< 0.35	> 0.95	好
2	< 0.50	> 0.80	合格
3	< 0.65	> 0.70	勉强合格
4	≥0.65	≤0.70	不合格

6.2.2 指数平滑

指数平滑法是在移动平均法的基础上发展起来的一种趋势分析预测法。其具体操作方法是以前期的实际值和前期的预测值(或平滑值),经过修匀处理后作为本期预测值。指数平滑法比较常用的有一次、二次和三次指数平滑法。

1. 一次指数平滑法

设历年航材消耗的时间序列为 $Y_1, Y_2, \cdots, Y_T$,α 为加权系数,$0 < \alpha < 1$,那么一次指数平滑公式为

$$S_t^{(1)} = \alpha Y_t + (1 - \alpha) S_{t-1}^{(1)} \tag{6-10}$$

式中:$S_t^{(1)}$ 为第 $t(t = 1, 2, \cdots, T)$ 期一次指数平滑值;$S_{t-1}^{(1)}$ 为第 $t-1$ 期一次指数平滑值;α 为平滑系数。

初始值的确定:若资料项数 n 较大(如 n 大于或等于 50)则可把第一期观测值 Y_1 作为初始值使用,因为经过多次平滑推算后,Y_1 对 Y_{t+1} 的影响已经不会很大了;若资料项数 n 较小(n 小于或等于 20),此时可用前几期观测值的平均数作为 Y_1 使用。如果主要是新机种,那么其消耗统计数据相对较少,则取前两年消耗数的平均值作为初始值。

平滑系数 α 的确定:在一般情况下,在原数列波动不大时,取较小值(0.1~0.3),以加重前期预测值的权重;若原数列波动较大时,则 α 可取较大值(如 0.6~0.9),以加重前期观测值的权重。本书采用遗传算法获得使指数平滑法的历年误差平方和最小的平滑系数 α,$\alpha \subset [0.1 \sim 0.9]$。

以下二次指数平滑法和三次指数平滑法的初始值和平滑系数的确定方法与此相同。

2. 二次指数平滑法

一次指数平滑一般也只能适用于没有明显趋势的现象,若时间数列呈上升或下降的直线趋势变化,则要进行二次指数平滑。二次指数平滑法是在第一次平滑的基础上再进行一次指数平滑。因此,二次指数平滑值计算公式为

$$S_t^{(2)} = \alpha S_t^{(1)} + (1 - \alpha) S_{t-1}^{(2)} \tag{6-11}$$

式中: $S_t^{(2)}$、$S_{t-1}^{(2)}$ 分别为第 t 期和 $t-1$ 期的二次指数平滑值。若 $S_t^{(1)}$ 和 $S_t^{(2)}$ 已知,并且仅对未来一年的航材消耗进行预测,则其预测模型为

$$Y_{t+1} = a_t + b_t \tag{6-12}$$

式中: $a_t = 2S_t^{(1)} - S_t^{(2)}$,$b_t = \dfrac{\alpha}{1 - \alpha} [S_t^{(1)} - S_t^{(2)}]$。

3. 三次指数平滑法

如果时间数列呈现明显的曲线上升或下降趋势时应在二次指数平滑的基础上进行再次修正,即为三次指数平滑法。

三次指数平滑法计算公式为

$$S_t^{(3)} = \alpha S_t^{(2)} + (1 - \alpha) S_{t-1}^{(3)} \tag{6-13}$$

式中: $S_t^{(3)}$、$S_{t-1}^{(3)}$ 分别为第 t 期和 $t-1$ 期的三次指数平滑值。若 $S_t^{(1)}$、$S_t^{(2)}$ 和 $S_t^{(3)}$ 已知,并且仅对未来一年的航材消耗进行预测,则其预测模型为

$$Y_{t+1} = a_t + b_t + c_t \tag{6-14}$$

式中: $a_t = 3S_t^{(1)} - 3S_t^{(2)} + S_t^{(3)}$,$b_t = \dfrac{\alpha}{2(1-\alpha)^2} [(6 - 5\alpha) S_t^{(1)} - 2(5 - 4\alpha) S_t^{(2)} +$

$(4 - 3\alpha) S_t^{(3)}]$,$c_t = \dfrac{\alpha^2}{2(1-\alpha)^2} [S_t^{(1)} - 2S_t^{(2)} + S_t^{(3)}]$。

6.3 组合预测

在预测实践中,常采用不同的方法对于同一个问题进行预测,方法不同提供的有用信息也会有所不同,简单的方法是保留预测误差最低的方法,舍去预测误差较大的方法,但是也会导致一些该方法所预测结果中有用信息的丢失。如果将不同的预测方法进行优化组合,就能够综合利用各种不同预测方法所提供的有用信息,从而大大提高预测精度,这就是组合预测技术。

1. 模型建立

设 $\mu_i(i = 1, 2, \cdots, N-1)$ 为第 i 种方法的加权系数,μ_N 为组合预测方法的加权系数,$\hat{Y}_{it}$ 为第 i 种方法第 t 年的预测值,则组合模型目标函数为

$$E(A_N) = \text{Min} \sum_{t=1}^{T} \left(Y_t - \sum_{i=1}^{N} \mu_i Y_{it} \right)^2$$

$$\text{s. t.} \sum_{i=1}^{N} \mu_i = 1, \mu_i \geqslant 0 \tag{6-15}$$

2. 模型求解

遗传算法具有全局搜索、种群优化的特点。本书采用遗传算法确定上述组合模型的加权系数。

遗传算法的步骤如下。

步骤1:参数设定。本书取种群数目为80、交叉概率为0.6、变异概率为0.001、进化代数为200、代沟为0.9。

步骤2:本书采用实数编码并生成初始种群,个体编码串长度为预测方法的数量 N。

步骤3:根据选择的适应度函数计算种群适应度。由于组合模型的目标函数 E 是极小值问题,而在确定遗传算法的适应度函数时,需要将极小值问题转化为极大值问题。

步骤4:根据适应度在遗传空间依次进行选择、交叉和变异操作,产生新一代群体。

步骤5:返回步骤3,直到达到所设定的进化代数,最后获得组合模型的加权系数。

6.4 常用误差性能指标

1. 模型评价常用的误差性能指标

1) 绝对误差(Absolute Error, AE)

$$E_{AE} = |\hat{y}_t - y_t| \tag{6-16}$$

2) 相对误差(Relative Error, RE)

$$E_{RE} = \frac{|\hat{y}_t - y_t|}{y_t} \tag{6-17}$$

3) 平均绝对误差(Mean Absolute Error, MAE)

$$E_{MAE} = \frac{1}{h} \sum_{t=1}^{h} |\hat{y}_t - y_t| \tag{6-18}$$

4) 平均相对误差(Mean Relative Error, MRE)

$$E_{MRE} = \frac{1}{h} \sum_{t=1}^{h} \frac{|\hat{y}_t - y_t|}{y_t} \tag{6-19}$$

5) 平方和误差(Squared Sum Error, SSE)

$$E_{\text{SSE}} = \sum_{t=1}^{h} (\hat{y}_t - y_t)^2 \tag{6-20}$$

6）均方误差（Mean Squared Error, MSE）

$$E_{\text{MSE}} = \frac{1}{h} \sqrt{\sum_{t=1}^{h} (\hat{y}_t - y_t)^2} \tag{6-21}$$

7）平均绝对百分比误差（Mean Absolute Percentage Error, MAPE）

MAPE 是一个相对误差精度衡量指标，与前两个指标的区别是不受样本大小的影响。

$$E_{\text{MAPE}} = \frac{1}{h} \sum_{t=1}^{h} \left| \frac{\hat{y}_t - y_t}{y_t} \right| \times 100\% \tag{6-22}$$

8）均方百分比误差（Mean Squared Percentage Error, MSPE）

$$E_{\text{MSPE}} = \frac{1}{h} \sqrt{\sum_{t=1}^{h} \left(\frac{\hat{y}_t - y_t}{y_t} \right)^2} \times 100\% \tag{6-23}$$

9）希尔不等系数（Theil IC）

希尔不等系数的取值通常为 0~1 之间，其值越小则拟合程度越高。

$$\text{Theil IC} = \frac{\sqrt{\frac{1}{h} \sum_{t=1}^{h} (\hat{y}_t - y_t)^2}}{\sqrt{\frac{1}{h} \sum_{t=1}^{n} \hat{y}_t^2} + \sqrt{\frac{1}{h} \sum_{t=1}^{n} y_t^2}} \tag{6-24}$$

式中：$\hat{y}_t$ 为被预测的 t 年的消耗数；y_t 为 t 年真实的消耗数；h 为预测周期，本书中的预测周期单位为年。

2. 单一模型预测和多模型组合预测的评价方法

对于单一模型预测，一般采用能够对每一个预测周期的预测误差进行评价的指标，如 AE、RE。

对于多模型组合预测，为了对各种模型预测的准确性进行全方位的综合性评价，按照组合预测效果评价原则和惯例，预测误差一般至少采用三项误差性能指标进行全面评价，一般选择能够对各预测周期的预测误差进行整体评价的，上述误差性能指标中除了 AE、RE 以外都可以采用。

6.5 算例分析

下面根据六项航材近 6 年消耗数据（表 6-2），从上述预测方法中选择一次、二次、三次指数平滑法和组合预测法完成航材消耗的组合预测，并对不同方法的预测效果进行评价。

表 6-2 6 年消耗数据

序号	6年消耗数/件					
	2006	2007	2008	2009	2010	2011
1	1	1	2	3	3	4
2	3	7	4	2	2	1
3	16	21	7	2	4	5
4	28	21	4	4	3	3
5	3	16	10	4	2	3
6	1	1	1	1	2	1

用遗传算法计算出的一次、二次、三次指数平滑算法的最优平滑系数如表 6-3 所列。

表 6-3 一次、二次、三次指数平滑算法的最优平滑系数

序号	最优平滑系数		
	一次指数平滑	二次指数平滑	三次指数平滑
1	0.99	0.65	0.40
2	0.52	0.26	0.18
3	0.99	0.32	0.20
4	0.99	0.37	0.22
5	0.25	0.13	0.09
6	0.01	0.01	0.01

不同预测方法的消耗预测值和组合预测的加权系数如表 6-4 所列。

表 6-4 预测值和加权系数

序号	组合预测的加权系数			不同方法的预测值			
	一次指数平滑	二次指数平滑	三次指数平滑	三次指数平滑	一次指数平滑	二次指数平滑	组合预测
1	0.16	0.57	0.27	5.37	4.59	5.19	5.14
2	0.09	0.25	0.66	1.83	2.38	2.04	1.93
3	0.81	0.01	0.18	2.54	5.59	3.12	5.00
4	0.71	0.25	0.03	0.63	3.60	0.20	2.64
5	0.09	0.14	0.77	5.92	6.51	6.14	6.00
6	0.51	0.34	0.15	1.63	1.61	1.62	1.62

采用 SSE、MSE、Theil IC 三种误差性能指标来评价三种指数平滑法和组合预测方法的预测效果,实际的预测误差如表 6-5 所列。

表 6-5　不同方法的预测误差

序号	一次指数平滑			二次指数平滑			三次指数平滑			组合预测		
	SSE	MSE	Theil IC	SSE	MSE	Theil IC	SSE	MSE	Theil IC	SSE	MSE	Theil IC
1	3.13	0.72	0.13	2.54	0.65	0.11	2.65	0.66	0.11	2.55	0.65	0.10
2	26.78	2.11	0.23	26.35	2.10	0.23	26.18	2.09	0.23	26.26	2.09	0.20
3	252.76	6.49	0.26	287.27	6.92	0.27	295.40	7.02	0.28	255.39	6.52	0.23
4	446.72	8.63	0.27	548.52	9.56	0.30	576.35	9.80	0.31	465.46	8.81	0.24
5	201.71	5.80	0.32	200.13	5.78	0.32	199.47	5.77	0.32	199.74	5.77	0.26
6	1.00	0.41	0.12	1.00	0.41	0.12	1.00	0.41	0.12	1.00	0.41	0.11

根据表 6-5 统计得出,多模型组合预测的误差比一次、二次、三次指数平滑模型小的情况达到 78%,尤其是 Theil IC 指标的误差值比一次、二次、三次指数平滑模型的都小。因此,组合预测的方法比单一模型预测的精度要高,六项航材最终的消耗预测值应采用组合预测的结果。

第7章
航材申请决策

航材申请是基层级航材保障部门筹措航材的主要方法,也是中继级、基地级航材保障部门进行维修器材采购、分配的主要依据。如果申请的航材基本不消耗或者申请的数量过多,都会造成积压;如果航材将来会消耗却没有申请或者申请数过少,则容易造成航材短缺,影响航材保障的水平。

航材申请的种类和数量是根据航材消耗周转定额,结合实际库存情况来确定的。其中,航材消耗周转定额是根据飞机实力、飞行任务、历年消耗和故障情况、修理周期、剩余寿命等数据,运用概率论、数理统计、系统工程等理论与方法建模测算的,最终确定了需要重点保障的航材种类及其每年的消耗和周转标准。因此,航材消耗周转定额是航材申请的基础,定额测算的准确与否,直接决定航材申请的合理性。

不同航材的消耗规律是有所区别的,其消耗预测理论与方法也应随之有所不同,只有弄清楚不同航材的消耗规律,并按照消耗规律的不同进行分类,才能更有效地研究并掌握各种航材的消耗规律并建立与其消耗规律相符的需求预测模型。本章首先将航材按照消耗规律的不同进行分类,然后确定了不同类别航材的消耗影响因素,其次建立了航材消耗定额和航材申请决策模型,最后针对航材消耗周转定额和申请决策进行算例分析。

7.1　按消耗规律的不同将航材分类

经过大量调研和航材消耗数据资料的分析发现,航材的消耗规律与有无寿命、可不可修密切相关,有寿命的航材与无寿命的航材的消耗规律不同,可修航材与不可修航材的消耗规律不同。将有寿命和无寿命、可修和不可修两对因素进行组合,可以把航材分为有寿可修、无寿可修、有寿消耗和纯消耗四类。

为便于对航材消耗规律进行进一步的研究,下面对有寿可修、无寿可修、有寿消耗和纯消耗四类航材的概念进行如下定义。

（1）有寿可修航材是指有具体寿命期限规定同时可以多次修复使用的航材。该类航材规定了使用寿命,航材到了规定寿命必须进行返厂修理,但该类航材在使用过程中还有可能未到规定寿命而发生故障。该类航材修复后即为堪用品,堪用品的规定寿命一般小于新品的规定寿命。另外,该类航材规定了总寿命、修理次数,当达到总寿命或者达到规定修理次数再次消耗时必须报废。

（2）无寿可修航材是指没有具体寿命规定、可以多次修复使用的航材。

（3）有寿消耗航材是指有具体寿命期限规定但不可以修理或无修理价值、到寿或故障即报废的航材。

（4）纯消耗航材是指没有寿命期限规定、不可以修理或无修理价值、发生故障即报废的航材。

以上四类航材的消耗特点具有一定的相关性,但是也有明显的区别。例如,有寿可修航材的实际消耗与到寿、故障、修理等因素都有关;无寿可修航材的实际消耗则不需要考虑到寿消耗,它只与故障、修理因素有关;有寿消耗航材的实际消耗不需要考虑修理因素,只与到寿、故障因素有关;纯消耗航材的实际消耗既不需要考虑到寿因素,也不需要考虑修理因素,只与故障因素有关。因此,这四类航材每一类都有各自的消耗规律,而且这四类航材覆盖了所有航材的同时相互之间没有交集,这对进一步研究和确定不同类别航材消耗的影响因素,以及建立不同类别航材的消耗定额模型奠定了科学、合理的基础。

7.2　航材消耗影响因素

1. 有寿可修航材的消耗影响因素

在建立有寿可修航材的周转定额模型前有必要对有寿可修航材的周转过程进行深入研究,以确定该类航材消耗的影响因素。

有寿可修航材的周转流程如图 7-1 所示。可见其周转的过程就是消耗的过程,制定消耗定额的目的就是使其周转不中断,如果中断,就说明制定的消耗定额不满足该年度的消耗需求。在周转定额一定的情况下,故障更换和到寿更换是影响该类航材消耗的主要因素。

有寿可修航材消耗周转定额的制定,除了要考虑修理和寿命等方面的因素,还需要考虑以下因素。

（1）年飞机架数:每年基层级仓库所保障的飞机架数。

（2）年飞行时间:每年的总飞行小时数。

（3）年起落次数:每年的总起落次数。

（4）单机安装数:器材在一架飞机上安装的数量。

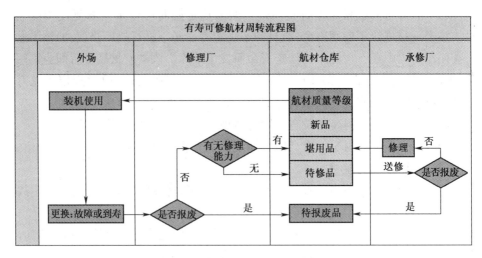

图 7-1　有寿可修航材的周转流程

（5）年随机故障修理数：每年航材发生随机故障修理的数量。

（6）年到寿修理数：每年航材到寿修理的数量。

（7）年修理周期：每年航材从送修到修返所需时间的均值。

2. 无寿可修航材的消耗影响因素

无寿可修航材周转流程如图 7-2 所示。在无寿可修航材的周转定额一定的情况下，故障更换是导致消耗的主要因素，修理周期是影响其周转速度以及库存水平的主要因素。因此，无寿可修航材消耗定额制定主要考虑的影响因素包括年飞机架数、年飞行时间、年起落次数、单机安装数、年随机故障修理数、年修理周期、年消耗数等。

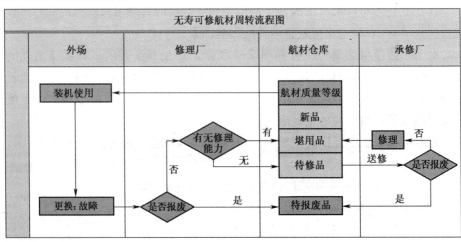

图 7-2　无寿可修航材的周转流程

3. 有寿消耗航材的消耗影响因素

有寿消耗航材的周转流程如图 7-3 所示。

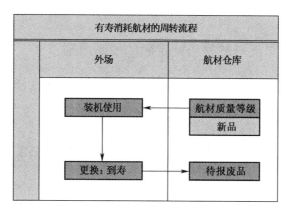

图 7-3　有寿消耗航材的周转流程

一般情况下,有寿消耗航材基本是到寿更换,故障更换的很少,同时,该类航材不需要修理,因此,其消耗周转定额制定主要考虑的因素包括年飞机架数、年飞行时间、年起落次数、单机安装数、剩余寿命、总寿命、年消耗数等。

4. 纯消耗航材的消耗影响因素

纯消耗航材的周转流程如图 7-4 所示,可见纯消耗航材不需要修理,只有随机故障更换而没有到寿更换,因此它的消耗不需要考虑修理和到寿情况,只需考虑

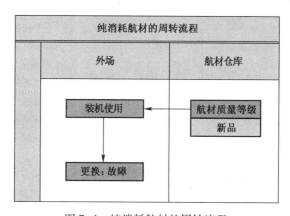

图 7-4　纯消耗航材的周转流程

年飞机架数、年飞行时间、年起落次数、单机安装数、年随机故障数、年消耗数等。

7.3　航材消耗定额模型

航材消耗周转定额是在消耗定额的基础上再加一定比例的周转量限额,因

此,在比例一定的情况下,消耗周转定额的制定最关键的就是消耗定额的测算。本节主要研究建立有寿消耗、有寿可修、无寿可修、纯消耗四类航材的消耗定额模型。

7.3.1 不同类别航材消耗定额的预测原则

不同类别航材的消耗规律会有所区别,消耗规律不同其预测方法也应有所不同,因此,弄清不同航材的消耗特点、部队保障情况,并针对性地制定定额测算原则非常重要,相关分析如表7-1所列。

表 7-1 不同类别航材消耗周转定额的预测原则

器材属性	消耗特点	部队保障存在问题	定额预测原则
有寿消耗	1. 平时故障少; 2. 经常批次、大量到寿; 3. 到寿必须报废	部队一般根据平常消耗确定储备量,忽视批次到寿的问题,易导致出现大量器材短缺。该类航材订货时易陷入一个误区:用团飞行总任务除以规定寿命作为定额。但因为到寿前常常发生故障,所以其消耗总是大于上述结果	不能根据过去的日常消耗数据进行预测,只能用未来的飞行任务量和器材装机寿命信息进行预测,且仅预测1年价值不大,必须预测至少3年。因为到寿量大,必须要考虑工厂能否及时供货,有一定的提前量可以保证器材及时筹措到位
有寿可修	1. 平时一般故障少,少量航材故障较多; 2. 经常批次、大量到寿; 3. 到寿后可修; 4. 有总寿命,不能无限次修理; 5. 达到总寿命或者规定修理次数并到寿的器材必须报废	因为故障产生的消耗是有规律的,比较容易掌握。但是,到寿产生的问题与有寿消耗器材相同,同时,容易忽略总寿命、修理次数的限制	不能完全根据过去的日常消耗数据进行预测,必须弄清楚到寿消耗的多还是故障消耗的多,如果二者都有一定的量,那么必须同时考虑这两种情况。 到寿预测同有寿消耗航材,但要考虑总寿命和规定修理次数的影响。到寿周转数应根据到寿时间分布、修理周期来确定。故障周转数预测同无寿可修航材
无寿可修	1. 故障较多; 2. 故障可修; 3. 修理周期短、消耗大的器材,一年内可以多次送修	把消耗数等同于周转数	利用统计分布计算周转数,必须考虑修理周期对周转数的影响。一般都是年度集中订货,所以订货周期的影响较小,本书忽略不计

器材属性	消耗特点	部队保障存在问题	定额预测原则
纯消耗	因为发生故障,或者拆装器材导致的消耗	该类航材的消耗趋势多样,取均值会使部分航材误差较大	一是可以采用多种预测方法进行优化组合,最大限度地减少不同方法的不利因素,从而获得最优的预测结果;二是利用统计分布计算

7.3.2 有寿消耗航材的消耗定额模型

1. 消耗特点分析及其定额预测方法说明

（1）一般无故障。

（2）一般成批到寿,突发性较强。

（3）不同件的规定寿命相同。由于有寿消耗航材的上述两个特点,使装机使用的航材基本上都是新品,因此,其规定寿命基本相同。

（4）不同件的使用寿命不同,因此,预测时必须逐件进行。

（5）不同件的寿命控制指标不同,预测时应以最早到寿的为准。

（6）在计算到寿数时,年任务量可以使用飞行计划中的飞行小时。但是,不同的飞机实际的飞行任务量可能稍低于或高于原定计划,针对这种情况,本书采用 max{飞行团年计划飞行任务量、单机年均任务量、逐机逐件年飞行任务量}进行计算,其中逐机逐件年飞行任务量=已使用寿命/使用年数。

（7）定额使用周期为 3 年的情况下,该类航材的消耗定额即为未来 3 年到寿数的最大值。

2. 模型建立

对于有寿消耗航材来说,其装机到寿数 Y_{ysxh} 即为其未来第 p 年的消耗定额,其模型为

$$Y_{ysxh_p} = \sum_{i=1}^{bn} \left(\coprod_{j=1}^{4} \left[\frac{pt_{rw_j} - t_{sy_{ij}}}{t_{gd_{ij}}} \right] \right) \quad t_{rw_j}, t_{sy_{ij}}, t_{gd_{ij}} > 0, p = 1,2,3 \quad (7-1)$$

其中:

（1）$t_{gd_{ij}}|_{j=1,2,3,4}$ 分别表示该项航材第 i 件的规定小时、规定起落、规定次数(除了起落次数以外的其他使用次数)、规定使用日历。

（2）$t_{sy_{ij}}|_{j=1,2,3,4}$ 分别表示该项航材第 i 件的剩余小时、剩余起落、剩余次数、剩余使用日历。

（3）$t_{rw_j}|_{j=1,2,3,4}$ 分别表示下一年单机飞行小时、下一年单机飞行起落、下

125

一年单机使用次数和下一年单机使用日历。在实际工作中,每年飞行团做飞行计划时制定的是一年总的飞行任务(包括飞行小时和起落次数),每架飞机都要完成一定的科目,所以总体上每架飞机的年飞行任务量基本相同。因此,下一年单机飞行小时、单机飞行起落以及单机使用次数都可以用历年单机使用次数的均值,单机使用日历为 1 年。

(4) t_0 表示一般提前更换时间。

(5) n 表示一个飞行团机群的架数,b 表示该项航材的单机安装数。

如果以未来 3 年的到寿情况为依据,可确定其 1 年的消耗定额为

$$Y_{ysxh} = \max_{p=1,2,3} \left(Y_{ysxh_p} \right) \tag{7-2}$$

7.3.3 有寿可修航材的消耗定额模型

1. 消耗特点分析及其定额预测方法说明

(1) 既存在故障更换,也存在到寿更换。

(2) 一般平时故障少,到寿多,突发性较强。

(3) 不同件的规定寿命不完全相同。由于有寿可修航材可以多次修理,每次修复后工厂会重新规定下一次无故障情况下的使用寿命,因此,预测是否到寿必须逐件考虑。

(4) 不同件的使用寿命不同,因此,预测时必须逐件进行。

(5) 不同件的寿命控制指标不同,预测时应以最早到寿的为准。

(6) 到寿航材可以修理后再周转,其实际的到寿周转数应根据修理周期、到寿时间分布情况来计算。该类航材的到寿数计算方法同有寿消耗航材。

(7) 故障航材同样可修修理后周转,其实际的故障周转数应根据修理周期、年均随机故障数来计算。该类航材的故障周转数计算方法同无收可修航材。

(8) 有些器材有规定的修理次数或者总寿命,即总的修理次数不能超过规定修理次数、总的累计使用寿命不能超过总寿命,否则即报废,因此,达到规定的修理次数同时到寿或者达到总寿命的器材不再周转,所以在计算到寿周转数时不能再把这部分器材加入。

(9) 发生故障和到寿的航材的消耗规律不同,前者随机性较大,后者确定性较大,必须分别考虑。考虑到到寿航材同年发生故障的概率很小,所以可以忽略其影响。

(10) 定额使用周期为 3 年的情况下,该类航材的消耗定额即为:max{未来某年到寿报废数} + 未来 3 年到寿周转数 + 故障周转数。

2. 模型建立

对于有寿消耗航材,其到寿数即为其需求数,而对于有寿可修航材来说,其

需求数则是库存和送修而进行周转的总数量,即周转数。有寿可修航材主要是因为到寿或者发生故障而送修,因此,其周转数的计算,既要确定到寿航材修理的周转数,也要确定故障航材修理的周转数,其和即为该航材的消耗定额。

但是,由于装机的有寿可修航材如果超过总寿命或者到寿的同时达到规定的翻修次数,那么会因为报废而消耗,而这部分航材不再参与周转,所以本模型中将其消耗作为消耗定额的一部分。另外,因为到寿的装机有寿可修航材中有报废时,在预测到寿周转数之前应先确定哪些到寿报废,在预测到寿周转数时不将这些航材计入。

对于到寿报废航材,需要预测的是未来 3 年装机航材在第 p 年到寿并报废的数量;对于到寿周转航材,需要针对未来 3 年装机航材中到寿后仍可修的航材计算其在未来 3 年内的周转数,如果每年单独计算,当一个修理周期内到寿最多的情况是跨年度的时候,其结果可能要比实际小很多;对于故障周转航材,是装机航材因为故障而送修的件数,即故障周转数。

有寿可修航材的消耗定额模型为

$$Y_{\text{yskx}_p} = Y_{\text{bf}_p} + Y_{\text{ds}} + Y_{\text{gz}} \tag{7-3}$$

式中:Y_{yskx_p} 为第 p 年某项航材的消耗定额;Y_{bf_p} 为第 p 年的到寿报废数;Y_{ds} 为未来 3 年内的到寿周转数;Y_{gz} 为故障周转数。

如果以未来 3 年的到寿情况为依据,可确定该类航材 1 年的消耗定额为

$$Y_{\text{yskx}} = \max_{p=1,2,3} (Y_{\text{bf}_p}) + Y_{\text{ds}} + Y_{\text{gz}} \tag{7-4}$$

1)到寿报废模型

在预测报废数之前需要先通过计算到寿数来确定哪些装机航材到寿,其到寿数的计算方法与有寿消耗航材消耗定额的计算方法相同,假设装机某项航材第 p 年有 K_p 件到寿。

有以上分析可知,当航材累计使用寿命达到总寿命,或者剩余翻修次数为 0,同时本次使用寿命达到规定寿命(最近一次翻修所规定的寿命)即为到寿报废,因此,其到寿报废模型为

$$Y_{\text{bf}_p} = \sum_{i=1}^{K_p} \left\{ \left(\coprod_{j=5}^{8} \left[\frac{pt_{\text{rw}_j} - t_{\text{sy}_{ij}} + t_0}{t_{\text{gd}_{ij}}} \right] \right) \sqcup \left(\left(\coprod_{j=1}^{4} \left[\frac{pt_{\text{rw}_j} - t_{\text{sy}_{ij}} + t_0}{t_{\text{gd}_{ij}}} \right] \right) \prod \left[-\frac{x_{\text{sy}_i}}{x_{\text{gd}_i}} \right] \right) \right\}$$

$$\text{st. } x_{\text{sy}_i}, x_{\text{gd}_i}, t_0 > 0 \tag{7-5}$$

其中:

(1) $t_{\text{gd}_{ij}} \big|_{j=5,6,7,8}$ 分别表示该项航材第 i 件的总规定小时、总规定起落、总规定次数、总规定使用日历。

(2) $t_{\text{sy}_{ij}} \big|_{j=5,6,7,8}$ 分别表示该项航材第 i 件的总剩余小时、总剩余起落、总剩

127

余次数、总剩余使用日历。

（3）$t_{\text{rw}_j}|_{j=5,6,7,8}$ 分别表示下一年单机飞行小时、下一年单机飞行起落、下一年单机使用次数和下一年单机使用日历，与 $t_{\text{rw}_j}|_{j=1,2,3,4}$ 相同。

（4）x_{gd_i}、x_{sy_i} 表示该项航材第 i 件的规定翻修次数、剩余翻修次数。

（5）t_0 表示一般提前更换时间。

（6）n 表示一个飞行团机群的架数，b 表示该项航材的单机安装数。

2）到寿周转模型

在计算到寿周转数之前，需要先通过有寿消耗航材的消耗定额模型计算到寿数来确定哪些航材到寿，本模型假设某项航材未来 3 年有 K_1 件到寿，$K_1 = \sum_{p=1}^{3}(K_p - Y_{\text{bf}_p})$，到寿周转数就是根据这些到寿仍可修的航材的装机寿控数据计算的。

到寿周转数的计算方法是：以最早到寿的寿命为依据，在一个修理周期内到寿最多的即为其周转数。因此，其模型建立的关键包括两点：一是将各种寿命指标转化为日历年限并确定最早到寿的寿命；二是计算各到寿时间点开始一个修理周期内的到寿数。

该项航材的 K_1 件器材在未来 3 年中到寿更换时间点的分布模型为

$$t_k = \min_{j=1,2,\cdots,8}\left(\frac{t_{\text{sy}_{kj}}}{t_{\text{rw}_j}}\right) \qquad (7-6)$$

其中，$3t_{\text{rw}_j} \geqslant t_{\text{sy}_{kj}} > 0, k = 1, 2, \cdots, K_1$。

设 $x_{kl} = \begin{cases} 1 & t_l \in [t_k, t_k + T] \\ 0 & t_l \notin [t_k, t_k + T] \end{cases}$，其中，$T$ 表示该项航材的修理周期，$l = 1,$ $2, \cdots, K_1$，则该项航材在未来 3 年内的到寿周转数为

$$Y_{\text{ds}} = \max_{k=1,2,\cdots,K_1}\left(\sum_{l=1}^{K_1} x_{kl}\right) \qquad (7-7)$$

另外，到寿可修航材也可能发生故障，如果发生故障就需要对到寿周转模型进行修正，以消除超出实际需求的误差。由于一般情况下产品寿命服从指数分布，因此可以假设绝对寿控航材的寿命也服从指数分布。设 t 为使用寿命，T_1 为规定寿命，则航材的使用寿命在 $[t, T_1]$ 内发生故障的概率为 $P(t \leqslant X \leqslant T_1)$。由于一般到寿可修航材的剩余寿命 $\Delta t = T_1 - t$ 占 T_1 的比例很小，而指数分布曲线随 t 的增大按指数递减，经过大量测试后可以确定，下一年到寿的可修航材发生的故障率 $P(t \leqslant X \leqslant T_1)$ 非常小，可以忽略不计。所以，本书假设在未来 3 年内到寿的航材不会发生故障。

3）故障周转模型

有寿可修航材的故障周转模型同无寿可修航材的消耗定额模型,其故障周转数 Y_{gz} 即为无寿可修航材的消耗定额模型中的周转数 s,具体内容详见7.3.4节。

7.3.4　无寿可修航材的消耗定额模型

1. 消耗特点分析及其定额预测方法说明

（1）一般是故障更换,随机性较强。

（2）可以多次修理,每次修复后可再次周转。

（3）该类航材的周转数应根据修理周期、年均随机故障数来计算,其判定标准一般是使满足率达到95%以上。

（4）一般假设该类航材的需求服从泊松分布。

（5）对于同一项器材,由于故障多样,导致修理周期长短不一,有的件当天可返回,有的件要好几个月才能返回,甚至几年才能返回。对于当天返回的,其对器材的供应影响不大,这部分器材以及长期不能返回的都是异常情况,对实际工作没有意义,因此均不能用于计算修理周期。

2. 模型建立

航材发生的故障又包括随机故障和耗损故障两种,其消耗规律不同,应该用符合实际需求情况的概率分布进行预测,这样才可能获得比较准确的结果。

1）确定需求分布

航材需求预测需要预测平均需求量以及安全库存量,因此,要确定需求分布,不仅需要利用航材需求均值,还需要考虑航材需求差均比(即方差与均值之比),然后根据差均比采用适当的需求分布进行预测,这一点在过去的航材需求预测研究中经常被忽视。事实上,对发生随机故障的航材,在很短的周期内,大多数需求是均值不变的泊松过程,这是过去需求预测研究常采用的方法。但是,随观察期的增长,方差与均值的比值(即差均比)将会增加,这时的需求过程属于非稳定增量的泊松过程,可以将泊松分布推广到方差超过均值的负二项分布,即用负二项分布建立需求量模型,其需求预测值会比利用泊松分布预测更接近观察值。而对于发生耗损故障的航材,如蓄电池、涡轮叶片等,其故障率符合"浴盆曲线",需求服从方差小于均值的二项分布,其预测效果也会好于泊松分布。

（1）泊松分布。根据帕尔姆定理,假设任意一项备件的需求服从年平均需求量为 m 的泊松过程,且每一故障件的修理时间相互独立,并服从年度平均修理时间为 T 年的同一分布,则在修件数的稳态概率分布服从均值为 mT 的泊松

129

分布,即

$$\Pr(x) = \frac{(mT)^x e^{-mT}}{x!} \quad x = 0, 1, 2, \cdots, n \tag{7-8}$$

（2）二项分布公式为

$$\Pr(x) = \binom{n}{x} p^x (1-p)^{n-x} \quad x = 0, 1, 2, \cdots, n \tag{7-9}$$

式中: $n>0, 0<p<1$, $n = \dfrac{\mu}{1-V}$, $p = 1-V$, μ 为其均值, V 为其差均比。n 取值应为整数,令 $n = \left[\dfrac{\mu}{1-V} + 0.9999\right]$,其中方括号表示整数部分,括号内加上 0.9999 是确保 $\dfrac{\mu}{1-V}$ 为整数时,n 就取该值;否则,n 就取 $\left[\dfrac{\mu}{1-V}\right] + 1$。

（3）负二项分布公式为

$$\Pr(x) = \binom{r+x-1}{x} p^x (x-p)^r \quad x = 0, 1, 2, \cdots, n \tag{7-10}$$

其中, $r = \dfrac{\mu}{V-1}$, $p = \dfrac{1}{V}$。

2）建立故障周转模型

对故障周转数进行预测,首先要确定需求预测的评估指标,然后基于该指标建立需求预测模型。本书采用满足率作为其评估指标。满足率是随时能满足供应的需求所占百分比,它只与发出需求当时的情况有关,是最适用于衡量基地仓库部门工作效能的指标。

设 s 为无寿可修航材的周转数,如果需求量 x 小于或等于 $s-1$,此时航材有库存,对满足率来说发生一次需求的满足,而且,满足率随着 s 的增大而增大。若设 EFR(s) 为期望满足率,则有

$$\mathrm{EFR}(s) = \sum_{x=0}^{s-1} \Pr\{x\} \tag{7-11}$$

其中, $\Pr\{x\}$ 为无寿可修航材需求数的概率分布。确定方法是:如果 $V=1$,则采用泊松分布;如果 $V<1$,则采用二项分布;如果 $V>1$,采用负二项分布。

根据概率统计理论,期望满足率达到 95% 以上时,周转数 s 能够基本满足需求。

7.3.5　纯消耗航材的消耗定额模型

1. 消耗特点分析及其定额预测方法说明

（1）其消耗是因为发生故障,或者拆装器材导致的。

（2）消耗量大，但需要做定额的器材项数少。

（3）故障原因多样，部分航材与飞行小时、起落次数相关性较大。

（4）消耗趋势具有一定的规律。

因此，纯消耗航材的消耗定额模型综合利用回归分析预和时间序列预测方法进行组合预测。首先，通过神经网络利用历年飞行任务指标和消耗统计数据进行回归分析预测；然后，通过灰色预测和一次、二次、三次指数平滑法等时间序列预测方法利用消耗数进行预测；最后，通过组合预测技术对上述各种预测方法进行优化组合，利用上述方法的预测结果进行优化，综合考虑了回归分析、时间序列预测法各自的优势，最大限度地保留了各自预测结果的有利因素，同时可以尽可能地减少不同方法的不利因素，从而取得最优的预测结果。

2. 模型建立

纯消耗航材的消耗影响因素很多，是典型的非线性预测问题，这类问题非常适合用 BP 神经网络的回归分析法预测，而且不同航材的消耗规律会有所区别，应该采用适合的、符合其消耗规律的理论和方法进行预测才会比较准确。因此，可以利用遗传神经网络、指数平滑、灰色预测、组合预测等多种方法，基于期望收益值准则（以误差为这些方法的期望收益值）进行多模型组合预测，从而为不同的航材寻求到最优的消耗预测方法，预测模型详见第 6 章。

另外，纯消耗航材消耗定额也可以利用无寿可修航材消耗定额的模型来测算，但是不用考虑修理周期。

7.4 航材申请决策模型

航材申请时，一般根据消耗周转定额和库存数就可以确定，要注意的是仓库中有保管日历的航材，这类航材在仓库保管时可能到寿，这就有可能导致即使库存可以满足需求，但是由于部分航材未装机即到寿。如果到寿航材是消耗件，则到寿即报废；如果是可修件，则到寿后仍可修理，必须要考虑修理周期，其周转情况必须和装机航材放在一起综合考虑。

1. 有保管日历的消耗性航材申请决策模型

对于有保管日历的有寿消耗航材，如果其保管日历到寿，不允许再装机使用。因此，库存到寿的航材即使装机使用，但是也必然当年报废，即该件没有满足这一次需求，从而再次产生一次需求，这就意味着申请时多申请一件。

库存有保管日历的消耗航材第 p 年的申请数 S_p' 可以根据第 p 年的航材消耗周转定额 Y_{ysxh_p}、库存数 N_{kc_p} 和新增的库存航材到寿数 X_p' 来确定，则该部分航材第 p 年的申请决策模型为

$$S'_p = Y_{\text{ysxh}_p} + X'_p - N_{\text{kc}_p} \qquad (7\text{-}12)$$

$$X'_p = \sum_{i=1}^{A} \left(\prod_{j=9}^{10} \left[\frac{p - t_{\text{sy}_{ij}}}{t_{\text{gd}_{ij}}} \right] \right) \quad t_{\text{sy}_{ij}}, t_{\text{gd}_{ij}} > 0 \qquad (7\text{-}13)$$

式中：$t_{\text{sy}_{ij}}\big|_{j=9,10}$ 为该项航材第 i 件的剩余保管日历、总剩余保管日历；$t_{\text{gd}_{ij}}\big|_{j=9,10}$ 为该项航材第 i 件的规定保管日历、总规定保管日历；A 为该项航材库存件数；[ ] 为向上取整。对于无总寿命的库存航材，令总寿命指标为 0 即可，无总寿命的装机航材也做同样处理。

2. 有保管日历的可修复航材申请决策模型

对于有保管日历的可修航材，如果库存航材有到寿的，可以修理后重新入库保管，而在修理期间，如果产生需求发生在装机航材一个修理周期内到寿数最多的时间断内，那么由于该库存航材到寿而送修，导致产生该时间断内装机产生的需求（其需求数＝定额）时库存减少，即使原库存等于定额，也可能造成短缺。所以，必须将这种情况下库存到寿产生的需求计入申请数。其计算思路是：将库存和装机到寿航材合在一起，计算总的周转数，如果其值大于装机航材到寿周转数，那么就说明库存航材到寿的时间正好在装机航材一个修理周期内到寿数最多的时间断内。

另外，对于库存航材到寿报废的，则肯定满足不了当年的需求，而因此产生额外的需求也应该计入申请数。

有保管日历的可修航材第 p 年的申请数 S''_p 可以根据第 p 年的消耗周转定额 Y_{yskx_p}、库存数 N_{kc_p} 以及新增的到寿报废和周转数 X''_p 计算，其中，新增的到寿报废和周转数 X''_p＝库存到寿报废数 Y'_{bf_p}＋库存和装机航材到寿周转数 Y'_{ds}－装机航材到寿周转数 Y_{ds}。

那么，该部分航材下一年的申请决策模型为

$$
\begin{aligned}
S''_p &= Y_{\text{yskx}_p} + X''_p - N_{kc_p} \\
&= (Y_{\text{bf}_p} + Y_{ds} + Y_{gz}) + (Y'_{\text{bf}_p} + Y'_{ds} - Y_{ds}) - N_{kc_p} \qquad (7\text{-}14) \\
&= Y_{\text{bf}_p} + Y_{gz} + Y'_{\text{bf}_p} + Y'_{ds} - N_{kc_p}
\end{aligned}
$$

1）库存航材到寿报废数 Y'_{bf_p} 的计算模型

假设库存某项航材第 p 年有 K'_p 件到寿，则其到寿报废数 Y'_{bf_p} 为

$$Y'_{\text{bf}_p} = \sum_{i=1}^{K'_p} \left\{ \left(\prod_{j=5}^{8} \left[\frac{pt_{\text{rw}_j} - t_{\text{sy}_{ij}}}{t_{\text{gd}_{ij}}} \right] \right) \prod \left(\prod_{j=1}^{4} \left[\frac{pt_{\text{rw}_j} - t_{\text{sy}_{ij}}}{t_{\text{gd}_{ij}}} \right] \right) \prod \left[-\frac{x_{\text{sy}_i}}{x_{\text{gd}_i}} \right] \right\} \quad x_{\text{sy}_i}, x_{\text{gd}_i}, t_0 > 0$$

$$(7\text{-}15)$$

其中，t_{rw_j}、$t_{\text{sy}_{ij}}$、$t_{\text{gd}_{ij}}$、x_{sy_i}、x_{gd_i} 含义同上。

2）库存和装机航材到寿周转数 Y'_{ds} 的计算模型

假设某项航材未来 3 年有 K'_1 件到寿（包括库存和装机的器材），$K'_1 = \sum_{p=1}^{3}(K'_p - Y'_{b_{f_p}})$，到寿周转数就是根据这些到寿仍可修的航材的装机寿控数据计算的。

该项航材 K'_1 件器材在未来 3 年中到寿更换时间点的分布模型为

$$t_k = \min_{j=1,2,\cdots,8}\left(\frac{t_{sy_{kj}}}{t_{rw_j}}\right) \tag{7-16}$$

其中，t_{rw_j}、$t_{sy_{kj}}$、x_{kl}、T 含义同上，$3t_{rw_j} \geqslant t_{sy_{kj}} > 0, k = 1,2,\cdots,K'_1$。

该项航材在未来 3 年内的到寿周转数为

$$Y'_{ds} = \max_{k=1,2,\cdots,K'_1}\left(\sum_{l=1}^{K'_1} x_{kl}\right) \tag{7-17}$$

如果航材申请数 $S''_p \leqslant 0$，则表示库存能够满足需要，不需要申请；如果航材申请数 $S''_p > 0$，则表示库存不足，需要申请。

3. 无保管日历的航材申请决策模型

无保管日历的航材包括无寿可修、纯消耗航材，其申请数为"定额-库存"。

7.5 航材消耗定额和航材申请综合决策算例分析

7.5.1 航材消耗定额的计算

1. 有寿消耗航材

1）预测用基础数据

某型软管的寿命控制指标只有一个，即日历寿命，其保管期为 5 年，它的到寿预测只需要考虑剩余日历即可。如果有多个寿命控制指标，则以最早到寿的指标为准，详细的应用情况可参考"有寿可修航材算例"。

截至 2012 年 10 月 31 日的装机寿控数据以及根据有寿消耗航材消耗定额模型计算的到寿情况，如表 7-2 所列。

2）验证用数据

从 2012 年 11 月 1 日~2013 年 10 月 14 日期间实际消耗 1 根。

3）预测结果分析

预测 2012—2014 年到寿数分别为 1、13、4，因此该器材未来 3 年的消耗定额为 max{1,13,4} = 13（根）。

2012 年实际消耗 14 根，说明预测的消耗定额与实际消耗基本一致。

表 7-2 装机寿控数据、预测结果

序号	剩余日历/天	到寿年度	序号	剩余日历/天	到寿年度
1	1231		12	567	2014
2	1262		13	335	2013
3	1231		14	547	2014
4	1217		15	912	2015
5	812	2015	16	366	2014
6	486	2014	17	559	2014
7	812	2015	18	559	2014
8	812	2015	19	559	2014
9	547	2014	20	630	2014
10	547	2014	21	547	2014
11	547	2014	22	547	2014

2. 有寿可修航材

1）预测用基础数据

2011 年,某型飞机架数为 23 架。另外,一架飞机发生事故,整机报废,因此,在用基层级仓库实际送修数据验证到寿、故障情况预测结果时还需要考虑这个情况。

某型舵机单机安装数 1 件,故装机共 23 件,这些器材截至 2011 年 10 月 31 日的装机寿控数据、预测结果如表 7-3 所列。

表 7-3 装机寿控数据、预测结果

序号	件号	装机日期	规定小时	规定日历/年	剩余小时	剩余小时转天	剩余日历/天	最小剩余寿命/天	单机飞行小时	预测2012年到寿	2012年实际到寿
1	109010	2002-5-9	1000	10	8	20	189	20	143	是	是
2	109002	2002-1-22	1000	10	91	232	82	82	143	是	是
3	109006	2002-2-19	1000	10	264	673	109	109	143	是	随机报废
4	112003	2002-8-16	1000	10	48	122	286	122	143	是	是
5	112005	2002-7-30	1000	10	204	520	270	270	143	是	是
6	112008	2003-1-26	1000	10	119	303	446	303	143	是	是
7	109011	2003-1-8	1000	10	413	1054	428	428	143	否	
8	212002	2003-4-2	1000	10	245	625	512	512	143	否	
9	9611003	2005-4-13	700	8	261	666	523	523	143	否	
10	9805002	2006-10-24	700	8	219	558	1074	558	143	否	
11	9611004	2006-6-1	700	8	254	648	931	648	143	否	

序号	件号	装机日期	规定小时	规定日历/年	剩余小时	剩余小时转天	剩余日历/天	最小剩余寿命/天	单机飞行小时	预测2012年到寿	2012年实际到寿
12	112012	2010-8-17	1000	10	262	668	3167	668	143	否	
13	212015	2006-9-29	1000	10	316	806	1049	806	143	否	
14	9812007	2007-6-6	700	8	316	806	1296	806	143	否	
15	9812005	2007-7-23	700	8	321	819	1343	819	143	否	
16	109005	2011-4-12	700	8	585	1032	2682	1032	206	否	
17	109004	2009-10-9	700	8	414	1056	2139	1056	143	否	
18	9812002	2007-11-13	700	8	441	1125	1453	1125	143	否	
19	212006	2009-6-16	700	8	445	1135	2026	1135	143	否	
20	212007	2006-8-16	1000	10	476	1214	1726	1214	143	否	
21	112009	2011-7-22	700	8	648	1271	2782	1271	186	否	
22	9609001	2010-12-7	700	8	607	1549	2557	1549	143	否	
23	9912005	2011-10-13	700	8	684	1745	2863	1745	143	否	

2）验证用数据

2011 年 10 月 31 日~2012 年 10 月 31 日的送修数据如表 7-4 所列。

表 7-4　2011 年 10 月 31 日~2012 年 10 月 31 日内的送修数据

序号	件号	送修时间	返回时间	更换类别	备注
1	109010	2011-12-8	2012-5-22	到寿	与预测相同
2	112003	2012-4-12	2012-8-28	到寿	与预测相同
3	109002	2012-4-12	2012-8-28	到寿	与预测相同
4	112008	2012-6-15	2012-10-22	到寿	与预测相同
5	212006	2012-7-25	2012-12-7	故障	
6	112005	2012-9-3	2012-12-7	到寿	与预测相同
7	109006	随机报废,无送修记录			

3）预测过程

首先,根据有寿可修航材消耗定额模型预测未来 3 年到寿情况,如表 7-5 所列。

2012、2013、2014 三年的到寿数分别为 6、6、5。

表 7-5　在未来 3 年到寿器材的到寿周转统计数据

序号 i	件号	最小剩余寿命 X_i/天	X_i+T/天	$X_i \sim X_i+T$/天	n_i/件
1	109010	20	153	20~153	4
2	109002	82	215	82~215	4
3	109006	109	242	109~242	3
4	112003	122	255	122~255	2
5	112012	668	289	156~289	2
6	112005	270	403	270~403	2
7	112008	303	436	303~436	2
8	109011	428	561	428~561	3
9	212002	512	645	512~645	3
10	9611003	523	656	523~656	3
11	9805002	558	691	558~691	2
12	9611004	648	781	648~781	1
13	212015	806	939	806~939	3
14	9812007	806	939	806~939	2
15	9812005	819	952	819~952	1

然后,根据式(7-5)计算到寿报废数。因为无总寿命和修理次数的规定,所以到寿报废数为 0。

其次,根据式(7-6)、式(7-7)预测到寿周转数。未来 3 年的到寿周转数的计算需要用未来 3 年到寿器材的剩余寿命 X_i、修理周期 $T=133$ 天、最小剩余寿命在 $[X_i, X_i+T]$ 之间的数量 n_i。

未来 3 年的到寿周转数分布,如图 7-5 所示,显然,未来 3 年的到寿周转数即为 $\max\{n_i\}=4$(件)。

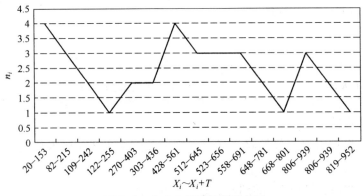

图 7-5　未来 3 年周转数分布图

再次,根据式(7-8)~(7-11)计算故障周转数。当满足率达到95.28%时,其故障周转数为1。

最后,根据式(7-3)、式(7-4)计算该项航材未来3年的消耗定额,即

$$到寿报废数+到寿周转数+故障周转数=0+4+1=5(件)$$

4)预测结果分析

下面根据表7-4~表7-6,对2012年预测结果和实际情况进行比较分析,详细情况如表7-6所列。

表7-6 2012年预测结果与实际情况比较分析

		预测结果与实际情况比较分析
到寿数	预测情况	6件到寿(109010,112003,109002,112008,112005,109006)
	实际情况	5件到寿(109010,112003,109002,112008,112005),1件报废(109006随机报废)
	结论	预测结果与实际情况完全相同
到寿周转数	预测情况	4件到寿
	实际情况	根据表7-5,第1件修复后可满足第4件故障产生的需求,第2、3件修复后可满足第5件故障产生的需求,显然,实际到寿周转数只需要3件即可。但是,由于第1件修复和第4件送修时间比较接近,考虑到实际工作中故障发生时间会更早,同时供应也需要一定时间,因此可能会抵消它们之间的时间差。因此,实际保障时到寿周转数如为4件,则保障的把握更大
	结论	预测结果与实际情况基本一致
故障周转数	预测情况	1件可满足周转
	实际情况	实际周转数为1件,满足实际需求
	结论	预测结果与实际情况完全相同

综上所述,对于有寿可修航材的消耗定额,预测结果与实际需求相符,因此有寿可修航材的消耗定额模型具有较高的准确性。

3. 无寿可修航材

1)预测用基础数据

根据历年的送修数据,计算得出某型电台的修理周期为0.1357年,年均随机故障数为7.4774件。

2)预测结果分析

该航材是电子设备,一般可以假设其寿命服从指数分布,因此其需求即服从泊松分布。利用无寿可修航材消耗定额模型可以计算出该项航材的周转数与相应的可达满足率,如图7-6所示。

根据图 7-6 可以看出,随着航材周转数的增加,相应的可达满足率也随之增加,但是增量是逐渐降低的,即边际效益是逐渐降低的。美军认为满足率达到 95% 时,周转数已经可以基本满足部队实际需求,如果继续增加,对实际的满足率已经影响不大,但是却会使该航材积压的概率增加。

因此,本课题采用使满足率达到 98.01% 的周转数 4 作为该航材最终的消耗定额。

2012 年实际消耗数为 4 件,与预测的消耗定额完全一致。

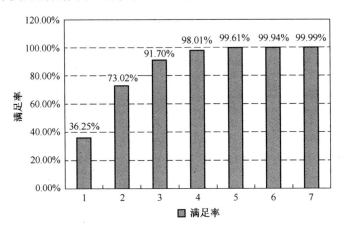

图 7-6 航材的周转数与相应的可达满足率

4. 纯消耗航材

1) 预测用基础数据

2006—2011 年共 6 年的历年飞行任务指标统计数据如表 7-7 所列,历年消耗统计数据如表 7-8 所列。

表 7-7 历年飞行任务指标统计数据

	历年统计数据					
	2006	2007	2008	2009	2010	2011
飞机架数	18	21	23	23	21	23
飞行小时/h	1934	2007	2451	2046	2737	2737
起落次数	2700	2727	3058	2485	3003	3003
良好率	5.2617	4.7519	4.3261	4.2622	4.6976	4.7481

表 7-8 历年消耗统计数据

序号	历年消耗数/件					
	2006	2007	2008	2009	2010	2011
1	28	29	43	52	55	58
2	8	2	2	5	1	2

2）预测结果分析

根据纯消耗航材消耗定额模型,各项航材不同方法的预测定额和权值如表 7-9 所列,各项航材不同方法的希尔不等系数 Theil IC 如表 7-10 所列。

本课题利用希尔不等系数 Theil IC 来评价纯消耗航材消耗定额模型的准确性,希尔不等系数的取值通常为 0~1 之间,其值越小则拟合程度越高。

表 7-9　各项航材不同方法的预测定额和权值

序号	不同方法的定额预测值/件						不同方法的权值				
	组合预测	一次指数平滑	二次指数平滑	三次指数平滑	遗传神经网络	灰色预测	一次指数平滑	二次指数平滑	三次指数平滑	遗传神经网络	灰色预测
1	59	57.97	61.00	66.32	44.16	58.25	0.0677	0.1232	0.0007	0.0010	0.8075
2	8	7.96	4.92	3.88	7.33	4.09	0.3449	0.2106	0.0096	0.4348	0.0001

表 7-10　各项航材不同方法的希尔不等系数 Theil IC

序号	不同方法的希尔不等系数 Theil IC					
	组合预测	一次指数平滑	二次指数平滑	三次指数平滑	遗传神经网络	灰色预测
1	0.0446	0.0848	0.0767	0.0915	0.1331	0.0473
2	0.2342	0.3100	0.3106	0.3112	0.1219	0.1546

根据六种预测方法的希尔不等系数 Theil IC,可以看出:

（1）它们的 Theil IC 一般在 0~0.3 之间,这说明误差都比较小,模型的拟合度较高。

（2）在六种方法中,组合预测的希尔不等系数 Theil IC 总体上最小,因此其拟合度最高,其预测结果可以作为纯消耗航材的消耗定额。组合预测方法之所以拟合度较高,是因为它利用其他五种方法做了进一步的优化,误差大的方法其权值就小,反之误差小的权值就高,如表 7-9 所列。这样就可以综合利用不同预测方法的有利因素,求得最优的结果。

序号为 1、2 的航材的消耗定额分别为 59 件、8 件,2012 年实际的消耗数为 58 件、8 件,说明消耗定额预测结果与实际消耗情况基本相符。

7.5.2　航材消耗周转定额的计算

航材申请主要根据周转数(包括库存数和在修数)、消耗周转定额进行申请,其中,消耗周转定额取消耗定额的 1.75 倍,即周转量限额上下限的平均值。

1）有寿消耗航材

2012—2014 年该航材的消耗定额预测值为 13。

则其消耗周转定额为 13×1.75＝22.75(件)，向上取整即为 23 件。

2）有寿可修航材

2012—2014 年该航材的消耗定额预测值为

到寿报废数+到寿周转数+故障周转数＝0+4+1＝5

则其消耗周转定额为 5×1.75＝8.75(件)，向上取整即为 9 件。

3）无寿可修航材

2012—2014 年该航材的消耗定额预测值为 4。

则其消耗周转定额为 4×1.75＝7(件)。

4）纯消耗航材

2012—2014 年序号为 1、2 的航材的消耗定额预测值分别为 59、8。

则航材 1 的消耗周转定额为 59×1.75＝103.25(件)，向上取整为 104 件。

航材 2 的消耗周转定额为 8×1.75＝14(件)。

7.5.3　航材申请数的计算

1）有寿消耗航材

2011 年底该航材的现有库存数为 8 件。

则该航材的申请数为：消耗周转定额−库存数＝23−8＝15(件)。

该类器材的申请策略：每年申请该类器材时，应根据该器材未来 3 年的到寿情况，逐年分批制定申请策略。

2）有寿可修航材

2011 年底该航材的现有库存数为 2 件，无在修器材。

则该航材的申请数为：消耗周转定额−库存数−在修数＝9−2−0＝7(件)。

该类器材的申请策略：每年申请该类器材时，应根据未来 3 年的到寿情况，逐年分批制定申请策略。

3）无寿可修航材

2011 年底该航材无库存、无在修器材。

则该航材的申请数等于消耗周转定额，即 4 件。

该类器材的申请策略：应在 2011 年底或 2012 年初尽量申请补充到位。

4）纯消耗航材

2011 年底序号为 1、2 航材的库存数分别为 22 件、8 件。

则航材 1 的申请数为：消耗周转定额−库存数＝104−22＝82(件)。

航材 2 的申请数为：消耗周转定额−库存数＝14−8＝6(件)。

该类器材的申请策略：应在 2011 年底或 2012 年初尽量申请补充到位。

第8章
可修航材库存决策

传统的库存论使用单项方法，它计算确定某项备件数量的方法是在此项备件库存的保管费、订货费和缺货费三项成本之间进行权衡，只对要购置的库存备件数量进行决策，而无须考虑其他备件情况，因此比较简便易行。其缺点是，在决策中无法控制构成装备的备件总投资费用和装备系统的可用度，因而就有可能存在一些不合理现象。例如，单项备件决策可能导致一个基地机群的总可用度太低或者备件保障预算成本超过现有经费总量。

如果用系统方法解决，以上问题就不会存在。系统方法是将各基地的装备看成一个大系统，从装备大系统出发研究在后方仓库和各基地合理配置库存，以使装备大系统的可用度最大，而不是单个基地的装备可用度最大。同时，尽量减少保障费用。因此，系统方法可以逐步确定大量备件的储备对策方案，既能够满足装备的可用度要求，又不突破预算经费限额。

航材分为可修复和不可修复两大类，其中，可修复航材保障费用在装备全寿命周期费用中占有很大的比例，而且其决策比较复杂，因此是航材保障工作的重点。另外，基层级仓库航材库存决策问题，以及基层级与后方仓库（包括中继级和基地级仓库）之间库存决策问题，都是目前航材保障工作中切实存在并急需研究解决的问题。因此，下面主要研究可修复航材在基层级仓库内的库存优化问题——即单基地可修复航材库存决策，以及基层级与基地级之间库存决策——即二等级可修复航材库存决策。

8.1　单基地可修复航材库存决策

1. 库存平衡公式

研究备件库存的目的是获得各项备件的最优库存量，也就是确定库存量的大小。这里假设单个基地的一项备件的故障件可以在一定时间内进行修理，并通过均值为 T 的概率分布予以表述。同时，假设该基地总是能修理该备件，不

存在报废处理问题,则库存平衡公式为

$$s = \text{OH} + \text{DI} - \text{BO} \qquad (8-1)$$

式中:s 为库存量;OH 为基地现有库存数;DI 为来自修理机构和补给部门的基地待收库存数,即基地的在修件数;BO 为备件短缺数。

由于基地的可修件往往价格高、需求低,因此针对备件批量送修而确定的经济订货量 Q 等于 1。因此,送修一般是一对一的进行,再次订货点(或称发出一项备件送修时的备件状况)就是 $s-1$。在这种情况下,库存量 s 是一个常数。这些随机变量中有一个发生变化,其他变量都同时发生变化。例如,当发生一次需求时,来自修理机构的基地待收件数就增加 1 件;此时,若现有库存数为正整数,它就减少 1 件,否则,备件短缺数就增加 1 件。当一次修理完成后,DI 减少 1件,短缺数减少 1 件,或者是无短缺时现有库存增加 1 件。不管哪种情况,等式(8-1) 都保持平衡。

库存平衡公式是分析在修件数、短缺数、库存量的基本依据,因此是建立库存模型的关键,所以在此予以详细说明。

2. 效能指标分析

根据系统方法,确定备件最优库存就是在有限的经费下使装备的可用度最大。为了衡量不同的工作,装备的可用度又可分为固有可用度、维修可用度、使用可用度和供应可用度,其中只有供应可用度 A 与维修对策无关,仅与库存对策有关,其定义为

$$A = \frac{100 \times \text{MTBM}}{\text{MTBM} + \text{MSD}} \qquad (8-2)$$

式中:MTBM 为平均故障间隔时间;MSD 为备件供应平均延误时间。

因此,选择供应可用度最大作为模型的目标。供应可用度是一种装备效能指标,表示机群中未因任何备件短缺而停飞的飞机架数所占百分比的期望值,其模型由以下乘积构成:

$$A = 100 \prod_{i=1}^{I} \left\{ 1 - \frac{\text{EBO}_i(s_i)}{NZ_i} \right\}^{Z_i} \qquad (8-3)$$

式中:I 为备件项数;Z_i 为第 i 项外场可更换件(以下模型所涉及的备件均指外场更换件)的单机安装数;N 为机群的飞机架数;$\text{EBO}_i(s_i)$ 为第 i 项外场可更换件的短缺数。

短缺数是一种备件保障效能指标,它是指某一时间为满足供应的任一项备件需求数,即只要有不能满足的一次需求,就确定为发生一件短缺,其时间持续到有一件补给品或者故障件修复为止。短缺数的模型为

$$\mathrm{EBO}(s) = \sum_{x=s+1}^{\infty} (x-s)\Pr\{\mathrm{DI} = x\} \qquad (8\text{-}4)$$

式中:$\Pr\{\}$为备件在修件数的稳态概率分布——泊松分布。根据帕尔姆定理,假设任意一项备件的需求服从年平均需求量为 m 的泊松过程,且每一故障件的修理时间相互独立,并服从年度平均修理时间为 T 年的同一分布,则在修件数的稳态概率分布服从均值为 mT 的泊松分布,即

$$\Pr(x) = \frac{(mT)^x \mathrm{e}^{-mT}}{x!} \quad x = 0,1,2,3,\cdots \qquad (8\text{-}5)$$

3. 最优库存模型

假设飞机所有备件发生故障的次数相互独立,且不存在串件修理的问题,则对公式(8-3)取对数,有

$$
\begin{aligned}
\ln\left(\frac{A}{100}\right) &= \sum_{i=1}^{I} Z_i \ln\left\{1 - \frac{\mathrm{EBO}_i(s_i)}{NZ_i}\right\} \\
&\approx -\sum_{i=1}^{I} \frac{\mathrm{EBO}_i(s_i)}{N}
\end{aligned}
\qquad (8\text{-}6)
$$

备件短缺函数 $\mathrm{EBO}(s)$ 为凸函数,而可用度对数是备件短缺数的一个可分离相加的函数,而凸函数的和还是凸函数,所以可用度对数也是凸函数。另外,可用度 A 与其对数是在同一点达到最大值。因此,求可用度对数的最大值与求可用度本身最大值的效果相同。同时,这一最大化计算方法是通过寻求备件短缺数之和的最小值来实现的。

综上所述,下面就采用各项备件的短缺数之和最小作为单个基地的可修复备件最优库存模型的目标函数,其约束条件是不同储备下各项备件的总价值不大于装备保障的总费用,则其模型为

$$
\begin{cases}
\min z = \displaystyle\sum_{i=1}^{I} \mathrm{EBO}_i(s_i) \\
\displaystyle\sum_{i=1}^{I} c_i s_i \leqslant C \quad C = 1,2,3,\cdots
\end{cases}
\qquad (8\text{-}7)
$$

式中:c_i 为第 i 项备件的单价;C 为装备系统各项备件的保障总费用。

4. 模型求解

备件短缺函数为凸函数,使得用边际分析法求解能够获得最优解。在最优库存模型中,短缺数是投入一定经费所产生的效能,因此,第 i 项备件的边际效能为

$$\Delta_i = \frac{\mathrm{EBO}_i(s_i - 1) - \mathrm{EBO}_i(s_i)}{c_i} \qquad (8\text{-}8)$$

式(8-8)表示,当选定任一项备件作为库存,并追加一件时所获得的每单位费用装备效能的增量,即所谓"单位费用效应"。

下面将问题按备件库存量(假定库存量为整数值)分为 k 个阶段,即 $k = 1$, $2, 3, \cdots, K$,其中 K 为各项备件的总库存量。

设 x_k 为第 k 阶段各项备件的库存数,x_{ki} 为第 k 阶段第 i 项备件库存数,则

$$x_k = x_{ki} \quad i = 1, 2, \cdots, I \qquad (8\text{-}9)$$

那么,K 满足约束条件:

$$\sum_{i=1}^{I} c_i x_{Ki} \leqslant C \qquad (8\text{-}10)$$

设 u_k 为第 k 阶段各项备件库存增量,且 $u_k = \{u_{k1}, u_{k2}, \cdots, u_{kI}\}$,其中:

$$u_{ki} = \begin{cases} 1 & i = l \\ 0 & i = 1, 2, \cdots, I; i \neq l \end{cases}$$

上式表示第 k 阶段第 l 项备件库存数增加 1 件,则状态转移方程为

$$x_k = x_{k-1} + u_k \qquad (8\text{-}11)$$

设 r_{kl} 为第 k 阶段第 l 项备件的边际效能,Δ_i 为每个阶段参与比较的第 i 项备件的边际效能,则

$$r_{kl} = \max \Delta_i \qquad (8\text{-}12)$$

令 $f_k(x_k)$ 表示第 k 阶段各项备件的短缺数之和,则最优递推方程为

$$\begin{cases} f_0(x_0) = \displaystyle\sum_{i=1}^{I} \mathrm{EBO}_i(x_0) \\ f_k(x_k) = f_{k-1}(x_{k-1}) - c_l r_{kl} \quad k = 1, 2, \cdots, K \end{cases} \qquad (8\text{-}13)$$

此时,

$$\min z = f_K(x_K) \qquad (8\text{-}14)$$

求解式(8-14)的关键是确定各阶段的边际效能 r_{kl},方法是:在每个阶段依次将各备件的边际效能 Δ_i 进行比较,其值最大的备件即为第 l 项备件,该备件的边际效能即为 r_{kl},这一阶段就选择该备件作为库存——其库存增加 1 件;用该备件库存再增加 1 件时产生的边际效能参与下一阶段的比较,参与比较的其他备件的边际效能不变。

5. 算例

某基地库存总保障经费为 40 万元,其备件库存的统计数据如表 8-1 所列。

144

表 8-1　某基地备件库存情况的统计数据

器材序号	年平均需求 m	平均修理时间 t	供应渠道平均数 mT	单价/万元
1	10	0.1	1	5
2	50	0.08	4	1
3	5	0.2	1	8

首先,根据公式求出各项备件不同库存量的短缺数以及各备件的边际效能。令总库存量 $s=0,1,2,\cdots,14$(s 的取值要使各项备件的短缺数均达到极小或 0,以满足用边际分析法计算的需要),则各项备件的短缺数和边际效能如表 8-2 所列。

表 8-2　某基地各项备件的短缺数和边际效能

总库存量 s	$EBO_1(s_1)$	Δ_1	$EBO_2(s_2)$	Δ_2	$EBO_3(s_3)$	Δ_3
0	1		4		1	
1	0.3679	0.1264	3.0183	0.9817	0.3679	0.0790
2	0.1036	0.0528	2.1099	0.9084	0.1036	0.0330
3	0.0233	0.0161	1.3480	0.7619	0.0233	0.0100
4	0.0043	0.0038	0.7815	0.5665	0.0043	0.0024
5	0.0007	0.0007	0.4103	0.3712	0.0007	0.0005
6	0.0001	0.0001	0.1954	0.2149	0.0001	0.0001
7	0.0000	0.0000	0.0848	0.1107	0.0000	0.0000
8	0.0000	0.0000	0.0336	0.0511	0.0000	0.0000
9	0.0000	0.0000	0.0123	0.0214	0.0000	0.0000
10	0.0000	0.0000	0.0041	0.0081	0.0000	0.0000
11	0.0000	0.0000	0.0013	0.0028	0.0000	0.0000
12	0.0000	0.0000	0.0004	0.0009	0.0000	0.0000
13	0.0000	0.0000	0.0001	0.0003	0.0000	0.0000
14	0.0000	0.0000	0.0000	0.0001	0.0000	0.0000

然后,求出各项备件的最优库存和总短缺数。计算结果:最优库存为(3,9,2),总短缺数为 0.1392。

最后,计算供应可用度。已知该基地机群飞机架数为 24,为同一种机型,各项备件的单机安装数为(1,2,1),则其供应可用度为 99.42%。

算例分析:

(1)以上是从装备系统的效能出发考虑其备件库存,不仅为决策层(即装备主管)要达成的装备可用度标准提供了保证,而且使可用度所需的费用最小

（如果是其他库存配套方案,要达到同样的可用度都会使费用增加）。

（2）用边际分析法编写的算法便于计算机实现,而且边际分析法不仅可以求出某些给定经费下的最优库存,还可以得到中间过程中不同经费下的库存储备方案,如表8-3所列,这对库存决策具有良好的参考价值。

表8-3　某基地各项备件不同费用下的库存量与短缺数

总库存量 s	库存量 s_1	库存量 s_2	库存量 s_3	总短缺数 z	总费用/万元
1	0	1	0	5.0183	1
2	0	2	0	4.1099	2
3	0	3	0	3.3480	3
4	0	4	0	2.7815	4
5	0	5	0	2.4103	5
6	0	6	0	2.1954	6
7	1	6	0	1.5633	11
8	1	7	0	1.4526	12
9	1	7	1	0.8205	20
10	2	7	1	0.5563	25
11	2	8	1	0.5051	26
12	2	8	2	0.2409	34
13	2	9	2	0.2195	35
14	3	9	2	0.1392	40

边际分析法的不足之处是它不能够求出所有整数费用值下的最优解,其迭代过程中每一步的步长由备件单价决定。但是,对备件保障人员来说,要保障的备件成千上万,使用边际分析法足以得出全部有实用价值的解,求出针对所有整数费用值的解完全没有必要。

8.2　二等级可修复航材库存决策

1. 二级库存最优配置模型

二级库存最优配置模型用于计算后方仓库和各基地的装备备件的库存最优配置,以使得装备可用度最高。而在无串件拼修条件下,寻求基地短缺数最低就相当于寻求装备可用度最高。短缺数又是一种备件保障效能指标,而且更便于计算,所以可以将各基地的备件总短缺数最小作为库存模型的目标函数,所得库存最优配置与寻求装备可用度最高时的结果相同。

另外,各基地的可修件很多,其总短缺数是各项备件可分离短缺函数累加之和,因此,可以将重点同时集中在一项备件上,而模型则随之简化为在后方仓库和各基地之间优化配置某一项可修件的库存量,以使各基地的总短缺数最小;约束条件是该项备件在后方仓库和各基地所有库存的总价值不大于该备件的总保障费用,其模型同公式(8-7)。

2. 模型求解

某项备件的变量定义如下:

m_j=第j个基地年平均需求量;

T_j=第j个基地以年为时间单位的平均修理时间;

μ_j=第j个基地供应渠道平均件数;

r_j=第j个基地修理的效率;

O_j=后方仓库与第j个基地之间从申请(订货)至交货的平均时间;

s_j=第j个基地所拥有的库存量;

N_j=第j个基地的飞机架数;

Z_j=第j个基地该备件的单机安装数。

上述变量的下标j为0时表示后方仓库,为正数时表示不同基地的编号。

二级库存配置模型算法如下:

(1)设后方仓库库存量$s_0=p$,则算法从p为0开始。

(2)计算各基地备件的供应渠道平均数μ_j,即

$$\mu_{pj} = m_j \left(r_j T_j + (1 - r_j) \left\{ O_j + \frac{\text{EBO}[s_0 \mid m_0 T_0]}{m_0} \right\} \right) \quad j > 0, s_0 = p \quad (8-15)$$

式中:m_0为后方仓库的平均需求量,它是将J个基地不能修理的备件求和,即

$$m_0 = \sum_{j=1}^{J} m_j (1 - r_j) \quad (8-16)$$

(3)计算在后方仓库当前库存量p下的各基地的期望短缺数$\text{EBO}(s_j)|_p$和边际短缺数$\Delta \text{EBO}(s_j)|_p$,其中,边际短缺数是短缺数的一阶差分,即

$$\Delta \text{EBO}(s_j)|_p = \text{EBO}(s_j - 1)|_p - \text{EBO}(s_j)|_p \quad (8-17)$$

实际上,一般用短缺数的边际效能进行边际分析,它是短缺数的一阶差分与备件单价的比值。但是,因为库存模型同一时刻要分析的备件只有一项,且该备件在不同的基地价格均相同,所以进行边际分析过程中,短缺数的一阶差分不必除以单价,即用边际短缺数进行边际分析。给各基地分配备件的方法是:根据其编号依次配置,每次1件,到最后一个基地时再从第一个基地开始重复进行。另外,因为可修件的库存一般较低,对于一些紧缺器材甚至没有库存,除了飞机在用件就是在修件,所以一般只需要计算出该备件在各基地的库存量$s_j=0,1,2$时的短缺数。

（4）利用边际分析法计算在后方仓库当前库存量 p 下的各基地总库存量 k 为 $0 \sim K$ 时的总短缺数 R_{pk}，即

$$\begin{cases} R_{p0} = \sum_{j=1}^{J} \mathrm{EBO}(s_j) \mid _{p,s_j=0} \\ R_{pk} = R_{p(k-1)} - \Delta\mathrm{EBO}(s_j) \mid _{p,s_j=i} \\ i = \left[\dfrac{k}{J}\right] + 1, j = k - iJ \\ k = 1, 2, \cdots, K - p, p = 0, 1, \cdots, K \end{cases} \tag{8-18}$$

K 为 $[J, 2J]$ 范围内的整数，其值要满足各基地总短缺数足够小。

（5）后方仓库库存量 p 增加 1 件，如果 $p = K$，进入第 6 步；否则，进入第 2 步。

（6）求出后方仓库和各基地的总库存量为 $q(q \in [0, K])$ 的 $(K+1)$ 组各基地总短缺数的最小值 r_q，及其对应各基地的总库存量 k、后方仓库的库存量 $(q-k)$。

$$r_q = \min\{R_{pk} \mid p + k = q, p = 0, 1, \cdots, K\} \tag{8-19}$$

（7）对 r_q 进行边际分析，计算其边际短缺数 Δr_q，即

$$\Delta r_q = r_{q-1} - r_q \quad q = 1, 2, \cdots, K \tag{8-20}$$

然后，根据保障总经费计算备件数，并确定最优解。注意：如果备件短缺函数不是凸函数，则对备件边际短缺数应用边际分析法就不能保证得出最优解。解决方法是舍去 Δr_q 中所有非凸点，将短缺函数转变为凸函数，然后在其中确定最优解即可。

（8）计算装备可用度。

第 j 个基地的装备可用度 A_j 是基地未因任何备件短缺而停飞的飞机架数所占百分比的期望值，其数学模型为

$$A_j = 100\left\{1 - \frac{\mathrm{EBO}(s_j)}{N_j Z_j}\right\}^{z_j} \tag{8-21}$$

各基地总的装备可用度 A 是所有基地良好飞机的百分比，其数学模型为

$$A = \frac{\sum_{j=1}^{J} A_j N_j}{\sum_{j=1}^{J} N_j} \tag{8-22}$$

3. 算例

某中继级仓库负责保障所辖 5 个基地，各基地机群飞机架数均为 24 架，为

148

同一种机型。某项备件的单机安装数均为1件,单价均为1万元,其总保障经费为7万元。该备件的有关统计数据如表8-4所示列。

表8-4 某项备件二级库存模型的数据实例

基地序号	年平均需求/件	平均修理时间/年	修理概率/%	申请至交货平均时间/年
1	22	0.01	0.2	0.02
2	24	0.01	0.25	0.01
3	23	0.02	0.2	0.02
4	24	0.01	0.3	0.01
5	25	0.04	0.4	0.01

第一步,计算该备件在各个基地的总短缺数、边际短缺数及库存配置,标明边际短缺数的凸性(凸点数据用"*"表示),如表8-5所列。

表8-5 最优期望短缺数

总库存/件	后方库存/件	各基地库存和/件	总短缺/件	边际短缺数/件	凸性
0	0	0	4.0576		
1	1	0	3.1716	0.8860	*
2	2	0	2.5331	0.6385	*
3	2	1	2.1225	0.4107	*
4	1	3	1.7684	0.3540	*
5	0	5	1.2926	0.4759	
6	1	5	0.8408	0.4518	
7	2	5	0.5670	0.2739	*
8	3	5	0.4309	0.1361	*

根据该备件的总保障经费和单价,该备件只能采购7件,故其总库存数只能为7件。根据表8-5所列,总库存数为7件时是凸点数据,所以其最优解是:总短缺数为0.5670件,总库存为7件,其中,后方仓库库存为2件,各基地总库存为5件,根据第5步的备件分配方法可知每个基地的库存量都是1件。

第二步,利用该备件库存最优配置方案下的期望短缺数的计算结果,即[0.0692, 0.0267, 0.0915, 0.0267, 0.1271],再根据已知条件计算各基地总的装备可用度,结果为99.72%。

算例分析:

(1)从装备系统的效能出发,利用边际分析法寻求一项装备备件在后方仓库和各基地的最优库存,不仅为决策层(即装备主管)要达成的装备可用度标准提供了保证,而且使所需的费用最小,对库存决策具有良好的实用价值。

(2)如果寻求多项备件的最优库存,那么各项备件都要重复上述分析方法,然后才能利用边际分析再次寻求对各项备件的最优投资方案。

第9章
航材保障经费配置决策

航材保障的目的是为飞机及其备件维修提供所需器材,确保飞机飞行安全可靠,其基本任务是及时、准确、经济地供应部队所需的航材,保证作战训练任务的完成。随着高新技术的不断采用,飞机及其备件的购置费用已十分昂贵,为保障飞机正常使用所需要的费用,更是以惊人的速度增长。一些统计资料表明,在飞机及其备件的寿命周期费用中,飞机的维修保障费用约占 50%~80%。但是,航材保障经费的增长却很有限,因此,如何利用有限的航材保障经费最大限度地提高航材保障系统的整体效能成为一项重要的课题。

本章建立了航材保障经费配置决策模型,并采用了动态规划、边际分析两种方法来求解,最后对这两种求解方法的效果进行了比较分析。

9.1 航材保障经费配置决策模型的建立

1. 航材保障效能指标的选择

效能指标作为系统优化的决策依据或系统的评价标准,对系统研究的成败具有决定意义。在军事效能评估实践中,不乏这样的实例,即由于选用了不恰当的效能指标而使效能评估研究得出错误结论。例如,第二次世界大战期间英国商船安装高炮,若用高炮击落飞机概率作为效能指标,则效能几乎为零。但是,若用商船损失概率作为评价指标,则损失概率由 25% 下降到 10%,说明安装高炮效能相当高。

航材保障经费配置的目标是将有限的经费合理地配置以最大限度地提高航材保障系统的整体保障效能,所以其模型建立的关键就是选择能够有效度量航材保障效能的指标。航材保障效能描述了在一定条件下,航材保障系统被用来完成保障任务所能达到预期目标的程度,是航材保障系统在保障过程中其保障能力发挥的效果,是对航材保障能力和航材保障军事效益的综合考虑。

以往航材保障经费优化配置的相关研究所选择的效能指标是在场良好飞机

架日,但是,在场良好飞机架日只能反应出航材保障能力的高低,不能有效反应出航材保障的水平,因此其配置方案达不到最优。

改进的方法是采用航材保障良好率来评估航材保障经费配置的效能,因为它能够有效地度量投入一定航材经费时的任务完成程度以及所产生的军事效益,同时,它也是航材保障指挥部门对航材保障经费进行预测的重要指标。因此,下面就采用航材保障良好率建立航材保障经费的配置模型,其目标函数是使各单位的平均航材保障良好率达到最大。

2. 航材保障经费配置模型的建立

设某中继级航材保障部门下辖 n 个基层级仓库, x_i 为分配给第 i 个基层级仓库的经费, $g_i(x_i)$ 为第 i 个基层级仓库获得 x_i 单位经费所达到的航材保障良好率; W 为中继级航材保障部门的航材保障经费,其所辖基层级仓库的平均航材保障良好率为 z,以 z 达到最大为目标,则航材保障经费的配置决策模型为

$$\max z = \frac{1}{n} \sum_{i=1}^{n} g_i(x_i) \quad \sum_{i=1}^{n} x_i = W, x_i \geqslant 0, i = 1, 2, \cdots, n \quad (9-1)$$

航材保障良好率的高低与航材保障经费的投入存在一定的规律,即航材保障经费投入越多航材保障良好率越高。但是随着航材保障经费的增加,航材保障良好率的增量逐渐减少。显然,航材保障经费服从以航材保障良好率的增量为概率密度的正态分布,其分布函数就是航材保障良好率,即

$$g_i(x_i) = \int_{-\infty}^{x_i} \frac{1}{\sqrt{2\pi}\,\sigma_i} e^{\frac{(t-\mu_i)^2}{2\sigma_i^2}} dt \quad (9-2)$$

式中: μ_i、σ_i 为第 i 个基层级仓库所得经费的期望和标准差。

9.2 航材保障经费配置决策模型的求解

1. 用动态规划法求解

航材保障经费配置决策模型以航材保障经费为资源、以平均航材保障良好率达到最大为目标,是一个典型的一维资源配置问题,可以用动态规划法求解。

动态规划法是解决多阶段决策过程最优化的一种数学方法,产生于 20 世纪 50 年代,由美国数学家贝尔曼等人提出。依据贝尔曼最优原理:对最优策略来说,无论过去的状态和决策如何,由前面诸策略所形成的状态出发,相应的剩余决策序列必构成最优子策略。对航材保障经费配置决策模型进行离散分步求解,即可快速求出优化数据。

用边际分析法也可以求出最优解,但是与动态规划法相比,边际分析法在某些情况下(如求装备备件最优库存)不能获得所有整数费用值下的最优解,所以

对经费的预测能力不足,适用性不如动态规划法。

动态规划法通常把资源分配给一个或几个使用者的过程作为一个阶段,把问题中的一次分配给某个使用者的资源作为决策变量,将累计的量或随递推过程变化的量作为状态变量。

下面将问题按基层级仓库分为 n 个阶段,分别编号为 $1,2,\cdots,n$。

状态变量 s_i 表示分配给前 i 个基层级仓库的经费;决策变量即为航材保障良好率模型中的 x_i;状态转移方程为 $s_{i-1} = s_i - x_i$,表示分配给前 $i-1$ 个基层级仓库的经费;允许决策集合为 $D_i = \{ x_i | 0 \leq x_i \leq s_i \}$。

令 $f_i(s_i)$ 为前 i 个基层级仓库获得 s_i 单位经费所达到的航材保障良好率总和,则 $f_{i-1}(s_{i-1})$ 为前 $i-1$ 个基层级仓库获得 s_{i-1} 单位经费所达到的航材保障良好率总和。

另外,实际工作中,航材保障必须达到一定的航材保障良好率,所以求解时为了减少不必要的计算,可以给各基层级仓库均配置一定的初始经费 x_0,仅对剩余经费进行优化配置,但计算航材保障良好率时则要包含初始经费。

综上所述,根据动态规划的顺序解法,该模型的最优递推方程为

$$\begin{cases} f_0(s_0) = g_0(x_0) \\ f_i(s_i) = \max_{0 \leq x_i \leq s_i} \{ g_i(x_0 + x_i) + f_{i-1}(s_{i-1}) \} & i = 1,2,3,\cdots,n \end{cases} \quad (9-3)$$

此时,

$$\max z = \frac{1}{n} f_n(s_n) \quad (9-4)$$

2. 用边际分析法求解

航材保障经费配置决策模型也可以用边际分析法求解。边际分析法在商业上是指每次增加相同的资金投入后,都带来利润增量,即边际利润;但边际利润会随资金的增加而越来越小,当到达收支平衡的那一点,即边际利润点时,边际利润为零,此时所得总利润最大,如果再增加投入就会亏损。航材保障经费的配置问题也可以用边际分析法求解,其边际增量是航材保障良好率的增量,即边际良好率。但是和边际分析法在商业上的应用不同,它没有一个明确的边际利润点,航材保障良好率的最大值为 100%,但是实际工作中永远不会达到这个水平,所以采用边际分析法解决航材保障经费的配置问题,不是以航材保障良好率的最大值为边界求其经费,而是以经费为边界,利用边际分析法的原理求出目标函数最优时的配置方案。

上述中继级航材保障部门所辖基层级仓库优化配置的经费为 $K = W - n \times x_0$,则可以将问题按优化配置的经费数(假定经费 K 为整数值)分为 K 个阶段,即

$k = 1, 2, \cdots, K$。

设 x_k 为第 k 阶段各基层级仓库拥有的经费(不含初始经费),x_{ki} 为第 k 阶段第 i 基层级仓库拥有的经费(不含初始经费),则

$$x_k = x_{ki}, \ \sum_{i=1}^{n} x_{ki} = k, i = 1, 2, 3, \cdots, n \tag{9-5}$$

设 u_k 为第 k 阶段第 i 基层级仓库的经费增量,且 $u_k = \{u_{k1}, \cdots, u_{kn}\}$,则状态转移方程为 $x_k = x_{k-1} - u_k$。

根据边际分析法,在每个阶段应将 1 个单位经费分配给当前阶段边际良好率最大的基层级仓库,设该基层级仓库编号为 l,则

$$u_{ki} = \begin{cases} 1 & i = l \\ 0 & i = 1, 2, 3, \cdots, n; i \neq l \end{cases} \tag{9-6}$$

设 r_{kl} 为第 k 阶段第 l 基层级仓库的边际良好率,即第 k 阶段的边际增量,R_i 为某个阶段参与比较的各基层级仓库的边际良好率,则

$$r_{kl} = \max R_i \quad i = 1, 2, 3, \cdots, n \tag{9-7}$$

令 $f_k(x_k)$ 表示到阶段 k 分配了经费 x_k 时按最优配置方案达到的航材保障良好率总和,则最优递推方程为

$$\begin{cases} f_0(x_0) = \sum_{i=1}^{n} g_i(x_0) \\ f_k(x_k) = r_{kl} + f_{k-1}(x_{k-1}) \quad k = 1, 2, 3, \cdots, K \end{cases} \tag{9-8}$$

此时,

$$\max z = \frac{1}{n} f_K(x_k) \tag{9-9}$$

求解最优递推方程的关键是确定各阶段的边际良好率 r_{kl},方法是:在各阶段将各基层级仓库的边际良好率进行比较,取其值最大的基层级仓库为要分配的对象,即为第 1 基层级仓库,用该基层级仓库在增加 1 个单位经费产生的边际良好率参与下一阶段的比较,其他基层级仓库的边际良好率不变。

(1) 设 g_{ki} 为第 k 阶段第 i 基层级仓库的航材保障良好率,g_{0i} 为各基层级仓库获得初始经费下的航材保障良好率,Δg_{ki} 为第 k 阶段第 i 基层级仓库的边际良好率,则

$$\Delta g_{ki} = g_{ki}(x_0 + k) - g_{(k-1)i}(x_0 + k - 1), \ k \in [1, K] \tag{9-10}$$

用 R_i 表示每个阶段参与比较的各基层级仓库的边际良好率,则第 1 阶段参与比较的各基层级仓库的边际良好率为

$$R_i = \Delta g_{1i} \tag{9-11}$$

(2) 设 r_{kl} 为第 k 阶段的边际增量,也就是第 k 阶段第 l 基层级仓库的边际

良好率,则第 1 阶段的边际增量为

$$r_{1l} = \max R_i \qquad (9-12)$$

第 l 基层级仓库再增加 1 个单位经费产生的边际良好率为

$$R_l = \Delta g_{(x_{1l}+1)l} \qquad (9-13)$$

(3) 设在第 k 阶段($k \in [2, K]$),参与比较的各基层级仓库的边际良好率为当前的 R_i ,其边际增量为

$$r_{kl} = \max R_i \qquad (9-14)$$

在第 $k+1$ 阶段,第 l 基层级仓库再增加 1 单位经费产生的边际良好率为

$$R_l = \Delta g_{(x_{kl}+1)l} \qquad (9-15)$$

则第 $k+1$ 阶段参与比较的各基层级仓库的边际良好率即为当前的 R_i ,再回到式(9-14),依次循环即可得到 $k \in [2, K]$ 各阶段的边际良好率。因此,通过以上各步即可获得 K 个阶段的边际良好率。

9.3 航材保障经费配置算例分析

设某中继级航材保障部门下辖六个基层级仓库,根据历年统计数据计算出的航材保障经费的期望和标准差如表 9-1 所列。

另设该中继级航材保障部门某年的航材保障经费为 450 万元。

表 9-1　航材保障经费的期望和标准差

基层级仓库序号	期望/件	标准差
1	67	4.4271
2	67.3	4.6306
3	59.4	6.3749
4	71.8	6.7052
5	71.2	6.8234
6	62.8	4.7074

航材保障经费配置决策模型的求解步骤如下。

1. 确定航材保障良好率方程

第一步,将表 9-1 数据代入航材保障良好率模型,得到各基层级仓库的航材保障良好率方程。

2. 确定初始配置和优化配置的经费

根据历年航材保障经费实际配置的情况,假定各基层级仓库经费配置的初始值为 65 万元,则动态配置的经费总额减少为 $W = 450 - 65 \times 6 = 60$(万元),优化

配置的经费 $x_i \in [0, 60]$。显然,配置次数大幅减少,计算量得以大大降低。

3. 计算不同经费下的航材保障良好率

将各基层级仓库所拥有的经费($x_0 + x_i$)代入航材保障良好率方程,得到各基层级仓库不同经费下所能达到的航材保障良好率,部分数据如表9-2所列。

表9-2 各基层级仓库不同经费下的航材保障良好率

良好率/%	经费/万元					
	72	73	74	75	76	77
$g_1(x_1)$	87.06	91.23	94.31	96.46	97.90	98.81
$g_2(x_2)$	84.49	89.08	92.60	95.18	96.99	98.19
$g_3(x_3)$	97.60	98.36	98.90	99.28	99.54	99.71
$g_4(x_4)$	51.19	57.10	62.86	68.34	73.45	78.10
$g_5(x_5)$	54.67	60.40	65.92	71.12	75.91	80.23
$g_6(x_6)$	97.47	98.49	99.13	99.52	99.75	99.87

4. 航材保障经费配置模型的求解

对航材保障经费配置模型,利用动态规划或边际分析法的最优递推方程求解,结果相同,即:中继级航材保障部门所辖基层级仓库的平均航材保障良好率最大值为93.42%,最优解为(74,75,69,81,81,70)。如果将450万元平均配置,则平均航材保障良好率最大值为88.32%,显然,前一种配置方案产生的航材保障效能更大。

5. 结论

(1)一般的航材保障系统采用基地级、中继级、基层级三级保障体制,上述研究主要是中继级的航材保障经费的配置问题。基地级航材保障经费的配置也可采用该模型,只是配置的对象变成了中继级仓库,目标函数变成了各中继级仓库的平均航材保障良好率达到最大。

(2)动态规划法是以基层级仓库为阶段,所以只能在配置过程结束时才能得到给定经费的配置方案;边际分析法是以经费为阶段,所以在配置的过程中能够得到所有整数费用值下的配置方案,部分数据如表9-3所列。

表9-3 经费配置过程中的部分数据

经费/万元	平均良好率/%	配置方案					
		1	2	3	4	5	6
440	88.78	73	74	67	79	78	69
441	89.33	73	74	67	79	79	70
442	89.85	73	74	67	79	79	70

经费/万元	平均良好率/%	配置方案					
		1	2	3	4	5	6
443	90.36	73	74	67	80	79	70
444	90.87	74	74	67	80	79	70
445	91.34	74	74	68	80	79	70
446	91.80	74	74	68	80	80	70
447	92.23	74	75	68	80	80	70
448	92.66	74	75	68	81	80	70
449	93.04	74	75	68	81	81	70
450	93.42	74	75	68	81	81	70

显然,使用边际分析法可以清楚地观察到配置的全过程,对决策有很好的辅助作用。但是这些中间的配置方案不一定都是最优解,所以决策时只能作为参考。另外,边际分析法在某些情况下(如求装备备件最优库存)不能产生所有整数费用值下的最优解,而动态规划法虽然一次只能产生给定经费的配置方案,却可以通过多次计算得到任意经费下的配置方案,因而其适用性要好于边际分析法。

(3) 在实际工作中,需要根据保障任务的性质调整保障的水平,如战时的保障水平要高于平时。那么,为满足不同的保障水平而对航材保障经费进行预测时,可以根据等效能准则,使用上述方法解决。

首先,将航材保障经费 W 作为变量,求出不同经费下的平均航材保障良好率;然后,根据平均航材保障良好率的水平,对中继级航材保障部门的航材保障经费进行预测,供基地级航材保障指挥人员参考。例如,设 $W = 450 \sim 464$ 万元,则按 1 万元为单位递增时的平均航材保障良好率的部分数据如表 9-4 所列。

如果要求其平均航材保障良好率不能低于 97% 才能满足保障任务的要求,根据该表,可以选择 97.08% 作为该舰航航材保障的目标,则其航材保障经费预算为 463 万元。

表 9-4　某中继级航材保障部门不同经费下的平均航材保障良好率

经费/万元	良好率/%	经费/万元	良好率/%	经费/万元	良好率/%
450	93.42	455	95.11	460	96.43
451	93.79	456	95.41	461	96.66
452	94.15	457	95.69	462	96.88
453	94.50	458	95.95	463	97.08
454	94.81	459	96.19	464	97.45

上述研究证明,该模型的优化效果良好,所用的两种求解算法对实际应用具有很好的指导性价值。

参 考 文 献

［1］ 韩伯堂. 管理运筹学［M］. 北京:高等教育出版社,2009.

［2］ 何亚群. 航材供应学［M］. 北京:国防科技大学出版社,2011.

［3］ 陈庆华,李晓松,等. 系统工程理论与实践［M］. 北京:国防工业出版社,2009.

［4］ 徐国祥. 统计预测和决策［M］. 上海:上海财经大学出版社,2012.

［5］ 郭峰,王德心.航母航载机航材携行品种和数量确定方法研究［J］.军事运筹与系统工程,2015,29(2):
38-42.

［6］ 郭峰,温德宏,刘军,等. 绝对寿控航材需求预测［J］. 兵工自动化,2013,32(9):32-36.

［7］ 郭峰,易垚钺,史玉敏. 基于灰色预测的航材消耗定额模型［J］. 计算机与现代化,2011(10):34-36.

［8］ 郭峰,刘臣宇,郭星香. 基于动态规划算法的航材保障经费优化配置［J］. 价值工程,2010,29(10):
63-65.

［9］ 郭峰,刘臣宇,李元磊. 基于边际分析法的可修复备件最优库存研究［J］. 价值工程,2010,29(14):
95-97.

［10］ 尚晓锶,林卫东,唐艳葵. 指数平滑和GM(1,1)组合法在水质预测中的应用［J］. 环境科学与技术,
2011,34(1):191-195.

［11］ Martin T, Howard B, Mark H. Neural Network Design［M］. Beijing: China Machine Press, 2006:
10-15.

［12］ Tiemessen H G H, Van Houtum G J. Reducing costs of repairable inventory supplky systems via dynamic
scheduling［J］.International Journal of Production Economics,2013,143(2),478-488.

［13］ 王小慧,张月琴. 层次分析法(AHP)在数据质量评估中的应用［J］. 信息技术,2011(3):168-169.

［14］ 郭显光. 改进的熵值法及其在经济效益评价中的应用［J］. 系统工程理论与实践,1998,18(12):
98-102.

［15］ 金国栋,卢利斌,叶庆. 无人机携行备件品种确定方法［J］. 火力与指挥控制,2008,33(10):
145-149.

［16］ 陈玉金,刘建永,李凌,等. 基于神经网络回归分析组合模型的能源消耗预测研究［J］. 兵工自动化,
2008,27(11):1-5.

［17］ 张文霖. 主成分分析在满意度权重确定中的应用［J］. 市场研究,2006(6):18-22.

［18］ 吴清亮,董辉,张政,等. 基于神经网络对航材备件需求率的预测分析［J］. 兵工自动化,2009,28
(1):54-56.

［19］ Gutierrez R S, Solis A O, Mukhopadhyay S. Lumpy Demand Forecasting Using Neural Networks［J］. In-
ternational Journal Production Economics, 2008, 111(2): 409-420.

［20］ 陈希,周娜娜. 遗传神经网络在铁矿石需求预测中的应用［J］. 天津科技大学学报,2010,25(6):
67-70.

［21］ 何舒华,何霭琳. 指数平滑法初始值计算与平滑系数选取的新方法［J］. 广州大学学报(自然科学

版),2011,10(2):10-14.

[22] 刘杨,任德奎. 基于灰色理论的间断性需求备件预测方法[J]. 四川兵工学报,2011,32(4):27-29.

[23] 赵博夫,殷肖川,吴传芝. 基于灰色理论的攻击者攻击能力评估[J]. 计算机工程,2011,37(14):114-117.

[24] 梅国建,钟波,张向波,等. 基于IOWA算子的装备备件需求量组合预测模型[J]. 兵工自动化,2013,32(1):8-11.

[25] 孟祥辉,徐宗昌. 装甲装备周转备件需求最优组合预测[J]. 火力与指挥控制,2012,37(5):106-109.